ÉLOGE DU FLOU

Arturo Sangalli

Éloge du flou

Aux frontières des mathématiques et de l'intelligence artificielle

Les Presses de l'Université de Montréal

Données de catalogage avant publication (Canada)

Sangalli, Arturo, 1940-

ÉLOGE DU FLOU

Traduction de : The Importance of Being Fuzzy

ISBN 2-7606-1801-3

1. Informatique douce. 2. Systèmes flous. 3. Logique floue.
4. Intelligence artificielle. 5. Informatique. I. Titre.

QA76.9.S63S2614 2001 006.3 C2001-941535-4

Dépôt légal : 4e trimestre 2001
Bibliothèque nationale du Québec

L'édition originale de cet ouvrage est parue sous le titre :
THE IMPORTANCE OF BEING FUZZY and other insights from
the border between math and computers

Les Presses de l'Université de Montréal remercient le ministère du Patrimoine canadien du soutien qui leur est accordé dans le cadre du Programme d'aide au développement de l'industrie de l'édition.

Les Presses de l'Université de Montréal remercient également le Conseil des Arts du Canada et la Société de développement des entreprises culturelles du Québec (SODEC).

IMPRIMÉ AU CANADA

PRÉFACE À L'ÉDITION FRANÇAISE

Depuis la publication de la version anglaise de ce livre en 1998, l'intérêt pour la logique floue et ses applications n'a pas diminué. Il en est autant des initiatives visant à mettre à profit la combinaison des différentes approches « souples » dans la solution des problèmes qui échappent aux méthodes « exactes » traditionnelles. À titre d'exemple, un logiciel de la compagnie DowPredict.com, capable de prédire la valeur de clôture de l'indice boursier Dow Jones, est basé, entre autres, sur les réseaux de neurones, les algorithmes évolutionnistes et la logique floue, qui sont toutes des techniques « souples ».

D'autre part, les efforts pour rapprocher les machines et la technologie de leurs utilisateurs humains sont bien illustrés par le thème de la 10e Conférence internationale sur les systèmes flous, qui se tiendra à Melbourne en décembre 2001 : « Relevons le grand défi : la machine au service des gens ». Les domaines de recherche représentés à cette conférence organisée par l'Institut des ingénieurs en électricité et en électronique des États-Unis (IEEE) montrent bien la diversité des champs d'application des techniques floues : reconnaissance des formes et traitement de l'image ; la logique floue en robotique ; le calcul flou et les systèmes hybrides : systèmes intelligents de traitement de l'information, systèmes neuro-flous, calcul appliqué à l'Internet ; le contrôle flou ; fondements mathématiques de la logique floue ; le calcul évolutionniste.

Grâce à l'initiative des Presses de l'Université de Montréal, les principes de ces nouvelles techniques tels que présentés dans l'édition originale sont maintenant accessibles aux lecteurs et lectrices de langue francaise. Je tiens à remercier toute l'équipe éditoriale et l'équipe de traduction des Presses pour leur enthousiasme et leur persévérance tout au long de la production de cet ouvrage.

ARTURO SANGALLI
Sherbrooke, Québec,
septembre 2001

AVANT-PROPOS

« Il semble que les Allemands soient en train de gagner la guerre », fis-je remarquer. « Ils gagneront, à moins que nous puissions arrêter nos pertes et ce, rapidement », répliqua l'amiral Jellicoe, commandant de la marine britannique. (Il faisait allusion au torpillage des approvisionnements britanniques et des pays neutres des derniers mois : 536 000 tonnes en février 1917, 603 000 tonnes en mars et 900 000 tonnes prévues en avril.) « N'y a-t-il pas de solution au problème ? » demandai-je. « Absolument aucune que nous puissions entrevoir à l'heure actuelle. »

(A.J. MARDER, *dans son historique compte rendu de* From the Dreadnought to Scapa Flow)[1].

... nous sommes en train d'examiner si oui ou non nous avons un problème, et, si tel est le cas, ce que nous devons faire.

(Un porte-parole d'Hydro-Ontario, confirmant, en janvier 1997, qu'un problème de corrosion peut affecter les réacteurs nucléaires de service)[2].

Houston, nous avons un problème...

(Le commandant Jim Lovell, [Tom Hanks], dans le film Apollo 13, de MCA-Universal.)

Depuis toujours, les êtres humains et les autres êtres vivants ont dû faire face à des problèmes variés, le premier et le plus pressant d'entre eux étant de rester en vie. Au cours du temps, ces problèmes se sont complexifiés et ont gagné toute l'étendue des activités humaines, depuis les problèmes simples de tous les jours jusqu'aux problèmes compliqués et de grand portée qui menaçaient le bien-être et la survie de millions d'individus. Mais s'il y a partout des problèmes, il y a partout aussi des solutions, qui sont trop souvent tenues pour acquises. Les êtres vivants eux-mêmes, dans la richesse de leur diversité, apportent des solutions multiples au problème difficile de la survie dans un environnement changeant et hostile.

La qualité de vie des sociétés développées est directement liée à l'ingéniosité et à la débrouillardise des élites : scientifiques, ingénieurs, administrateurs et autres experts. Dans cette optique, la recherche de solutions à des problèmes difficiles comporte très souvent un recours aux mathématiques et à l'informatique, parfois à un degré élevé. Ceci est vrai non seulement des sciences physiques ou en génie mais aussi de domaines aussi divers que l'administration, la médecine, l'économie ou les sciences sociales. Considérons, par exemple, l'inquiétude actuelle concernant les conséquences du réchauffement planétaire, problème qui vraisemblablement ne sera pas résolu ou éliminé dans un proche avenir. Les climatologues ont détecté une hausse d'à peu près 0,5 °C de la température moyenne à la surface de la planète depuis les cent dernières années. Les scientifiques qui étudient ce phénomène prévoient une nouvelle élévation de 3,5 °C d'ici l'an 2100, si rien n'est fait pour réduire les émissions de gaz à effet de serre qui retiennent la chaleur dans l'atmosphère. Ces prévisions ont été obtenues par des simulations sur ordinateurs à partir de modèles mathématiques de notre écosystème. Dans ce cas particulier, les mathématiques et les ordinateurs n'ont pas été utilisés pour résoudre un problème, mais tout simplement pour nous avertir de sa présence.

Nous vivons à l'âge de l'information, qui est en train de devenir rapidement l'ère de la surinformation. Les multiples problèmes qui surgissent de la nécessité de traiter des quantités colossales de données seraient insolubles sans l'aide des mathématiques et de l'informatique. L'information ne peut être stockée, traitée et retrouvée que si elle est codée sous une forme ou sous une autre. Pour qu'un ordinateur puisse afficher une page de texte comme celle-ci, par exemple, les lettres de l'alphabet, les signes de ponctuation et les autres signes diacritiques doivent être codés en chaînes de chiffres binaires. Dans un autre domaine, celui de la télévision à haute résolution, l'énorme quantité d'informations disponibles exige que l'encodage soit aussi économique que possible. Les techniques utilisées, appelées *compression des données*, sont d'abord des concepts mathématiques avant de devenir des signaux électromagnétiques et finalement une image sur l'écran de télévision.

L'étude et la conception des codes constituent une branche des mathématiques que l'on appelle la *théorie des codes*. Son but général est de répondre au problème qui fut posé par Claude Shannon, le père de la théorie de l'information. « Le problème fondamental de la communication, écrivait-il en 1948, est celui de la reproduction, en un certain point, avec exactitude ou approximativement, d'un message sélectionné en un autre point. »

Les ordinateurs et les mathématiques contribuent également à assurer la confidentialité de l'information transmise par téléphone ou par les réseaux informatiques. Une façon de protéger un message contre l'indiscrétion des yeux ou des oreilles est de l'encoder de telle sorte que seuls ceux à qui il est destiné puissent le comprendre. Le problème de concevoir un dispositif d'encodage et de décodage inviolables (et de le déjouer) relève de la cryptographie, science qui tire parti systématiquement des idées et des techniques mathématiques. Les opérations d'encodage et de décodage mobilisent d'imposants calculs, l'utilisation d'ordinateurs étant indispensable pour que ces opérations soient exécutées efficacement et rapidement. Une fois le message encodé, sa sécurité peut dépendre de la quasi-impossibilité de résoudre une énigme mathématique : celle de trouver les facteurs premiers de très grands nombres (longs de plus de 200 chiffres dans leur écriture décimale).

DES RECETTES QUI MARCHENT

Les mathématiques, que l'on décrit communément (mais incomplètement) comme la science de la dimension et du nombre, nous fournissent des outils pour résoudre des problèmes généraux, ainsi qu'un langage adapté à leur formulation précise. Les mathématiciens se nourrissent de problèmes et ne cessent d'en inventer de nouveaux, souvent pour le simple plaisir d'être capables de les résoudre. La découverte d'une solution complète peut prendre des années et exiger les efforts conjugués de beaucoup d'entre eux ; si quelqu'un se rend compte qu'aucune solution n'existe, la recherche cesse aussitôt. Mais, si le problème est finalement résolu, il cesse d'avoir de l'intérêt pour le mathématicien. Pour les esprits pratiques, cependant, c'est la solution elle-même qui importe et la façon dont elle peut être exploitée pour servir à résoudre d'autres problèmes plus terre-à-terre. D'habitude, ces pragmatistes se soucient fort peu de l'élégance de l'argumentation mathématique, pourvu que la récompense escomptée soit proportionnelle aux ressources requises (temps, argent, etc.).

À l'occasion, les solutions peuvent créer des problèmes plus grands que ceux qu'elles étaient censées résoudre. Dans un ouvrage récent, l'historien Edward Tenner (« Why Things Bite Back : Technology and the Revenge of Unintended Consequences ») dresse un catalogue des solutions aux effets pervers. Parmi celles-ci, mentionnons les pesticides qu'on a épandus dans le sud des États-Unis durant les années 50 et 60 pour éradiquer les fourmis venues d'Amérique du Sud et qui ont fini par exterminer leurs prédateurs, ce qui en fait a accru la population des fourmis redoutées.

Depuis quelques décennies, notre capacité à résoudre les problèmes a été considérablement améliorée par le fabuleux progrès des ordinateurs. Je ne veux pas dire par là que la théorie a pris du retard ou qu'elle n'a joué qu'un rôle secondaire dans la quête des solutions. Grattez la surface d'un problème pratique, et vous en trouverez souvent un autre qui est de nature mathématique. Il est possible que, si vous voulez résoudre le premier, vous serez amené à résoudre d'abord le second, avec, en règle générale, votre seul esprit. Néanmoins, à mesure que les machines deviennent plus intelligentes, leur rôle dans le processus de solution est en train de changer : de simples auxiliaires qu'elles étaient, elles deviennent des partenaires indispensables. (Il n'est pas absurde d'imaginer que, dans un avenir relativement rapproché, les rôles se trouvent inversés et que les humains n'aient plus qu'une fonction accessoire.) Dans un sens très réel, étant donné que la puissance de l'informatique tend vers l'infini, le besoin d'ingéniosité de l'être humain (dans la conception d'algorithmes efficaces, par exemple) peut approcher de zéro. Ceci est certainement vrai pour beaucoup de problèmes d'optimisation : si la vitesse des ordinateurs est suffisante, la recherche bête, cas par cas, d'une solution optimale devient une option plausible, même si un nombre astronomique de possibilités se présente.

Dans un essai récent, le mathématicien français René Thom a dénoncé l'incapacité des théories scientifiques à expliquer la réalité. « Les scientifiques, dit-il, ont voulu débarrasser l'univers de la multitude des entités "occultes ou métaphysiques" qui l'encombraient, mais voilà qu'ils se sont mis peu à peu à encombrer le monde eux aussi. Ils l'ont rempli d'une foule d'éléments et de structures non observables, et de plus en plus difficilement imaginables, de moins en moins intelligibles. » Aux yeux de Thom, le progrès technologique ne fait que masquer la stagnation de notre compréhension globale du monde. « Au lieu de nous aider à comprendre, les scientifiques sont occupés à calculer, à faire tourner leurs ordinateurs », déplorait le lauréat 1958 de la prestigieuse médaille Fields (l'équivalent du prix Nobel des mathématiques). « La science est devenue un gigantesque ensemble de recettes qui marchent »[3].

On peut accepter que les philosophes, dans leur perpétuelle quête des causes ultimes, méprisent les produits pragmatiques de la science et de la technologie ; cependant, ceux dont le métier principal est de résoudre des problèmes pratiques n'ont aucune difficulté à accepter des « recettes » qui « livrent la marchandise ».

DES SOLUTIONS SOUPLES

La question n'est pas de savoir si les machines un jour ou l'autre pourront prendre la relève complète de l'être humain dans la résolution de certains problèmes, car, sans l'intervention de l'homme, les réponses de l'ordinateur sont dépourvues de signification. En réalité, nous sommes plutôt témoins de l'émergence de certaines façons de contourner les défauts du calcul classique. Les ordinateurs numériques opèrent d'une manière séquentielle, exacte et déterministe sur un code binaire. Mais un tel mode d'opération comporte des limites, théoriques et pratiques, que les ordinateurs numériques ne peuvent franchir. D'autre part, la nécessité d'être munis d'un programme est une autre barrière à laquelle se heurtent les ordinateurs classiques. En même temps, certains nouveaux paradigmes informatiques font place à des dispositifs qui n'ont pas à être programmés, dans le sens traditionnel du terme, mais peuvent « apprendre » par expérience, comme sait le faire notre propre cerveau.

L'intérêt pour les nouvelles idées vient également du désir de construire des machines « intelligentes », dotées de capacités cognitives et décisionnelles semblables à celles de l'homme. (Malheureusement, le qualificatif « intelligent » est tellement galvaudé aujourd'hui qu'il est pratiquement dénué de sens.) Du reste, les ordinateurs numériques pourraient échouer misérablement. Car, même si l'ordinateur peut jouer aux échecs et battre les meilleurs joueurs, sa stratégie est loin d'être brillante. Ce n'est essentiellement qu'une technique de force brute fondée sur des arbres de décisions qui représentent des millions de possibilités et à partir desquelles le mouvement optimal est choisi. Le joueur humain adopte une approche plus « intelligente », bien qu'il ne soit capable de prévoir que quelques coups à l'avance.

Pour Lotfi Zadeh, qui a inventé les ensembles flous (voir ci-dessous), la différence entre l'intelligence humaine et celle de la machine repose sur la capacité du cerveau de penser et de raisonner selon des termes imprécis, non quantitatifs, capacité que les ordinateurs d'aujourd'hui ne possèdent pas. Selon Zadeh, « c'est cette capacité qui fait que l'homme peut déchiffrer une écriture peu soignée, comprendre une élocution déformée et focaliser son attention sur une information qui soit pertinente. C'est ce manque d'aptitudes qui fait que les ordinateurs, même les plus sophistiqués, sont impuissants à communiquer avec les êtres humains dans des langages naturels — plutôt que dans des langages artificiellement construits »[4]. Si nous avons pour but de construire des machines qui « raisonnent » davantage comme des êtres humains, nous devons aller au-delà de l'ordinateur classique de Von Neumann.

La logique floue, les réseaux de neurones et les algorithmes génétiques font partie des nouvelles méthodes efficaces de calcul et de résolution des problèmes. Les réseaux de neurones peuvent reconnaître des structures mal définies en l'absence d'un ensemble explicite de règles ; la logique floue contrôle des systèmes à partir d'une description partielle et imprécise de leur comportement ; et les algorithmes génétiques peuvent résoudre des problèmes complexes par un processus évolutif dans lequel le hasard joue un rôle fondamental. Ces techniques, qui devraient être considérées comme complémentaires plutôt que comme concurrentes, sont au cœur de l'approche, par le « calcul souple », de l'intelligence artificielle. Certains des principaux caractères de cette approche sont le traitement des données incertaines, ambiguës ou incomplètes, le parallélisme massif, le hasard, les solutions approximatives et les programmes capables d'automodification.

L'avenir nous réserve probablement des changements plus profonds. En 1994, Leonard Adleman a démontré la faisabilité d'effectuer des calculs au niveau moléculaire. « On peut imaginer, écrit-il à la fin de son article[5], l'émergence d'un ordinateur d'usage général qui ne consisterait qu'en une seule macromolécule combinée à une collection d'enzymes semblable à un ribosome qui agirait sur elle. » Bien que ce ne soit encore qu'une possibilité théorique, les ordinateurs quantiques (ces appareils qui utilisent la polarisation des photons pour encoder l'information) pourraient un jour nous forcer à redéfinir ce que nous entendons par calcul.

Nous devons souligner, cependant, que les ordinateurs numériques, qui sont extrêmement rapides et précis pour exécuter certains tâches—par exemple, réaliser des suites d'opérations arithmétiques—ne sont pas près de devenir chose du passé. La nouvelle technologie tend à être leur complément plutôt qu'à les remplacer. En outre, les nouveaux modes de calcul—flous, neuronaux, génétiques—sont, pour la plupart, effectués aujourd'hui sur des ordinateurs classiques.

> Là où les ordinateurs cherchent à exécuter des calculs plus rapides,
> les mathématiques s'empressent de trouver des algorithmes plus ingénieux.
> Une idée qui réduit de moitié le nombre des étapes [d'un processus]
> est aussi valable qu'une puce qui double la vitesse [d'un ordinateur].
>
> (GILBERT STRANG, *mathématicien au MIT*)[6].

Cet ouvrage présente les principes du calcul souple d'une manière assez brève. Je me suis efforcé de rendre les concepts de base accessibles à un large public, sans accabler le lecteur de termes techniques, mais en dépassant les simples métaphores, et en jetant à l'occasion un regard critique sur le sujet. Mon but premier a été d'exposer, de façon amusante en même temps que rigoureuse, les idées (surtout mathématiques) qui sous-tendent la logique floue, les réseaux de neurones et les algorithmes génétiques, idées trop souvent obscurcies par une terminologie de spécialistes. Ceci est résumé dans la première et la troisième partie.

Les nouvelles idées ne peuvent être entièrement appréciées que si on met en évidence l'arrière-plan mathématique du calcul traditionnel. Dans le chapitre 3, je procède à un tour d'horizon des concepts qui sont au cœur de l'informatique classique, en insistant sur les limites des modes traditionnels de calcul et en soulignant le rôle joué par les machines de Turing et par les problèmes NP-complets. Le chapitre 4 se concentre sur les fondements des mathématiques, en particulier sur le rôle des ordinateurs dans la recherche de la vérité mathématique. Après avoir rappelé une vieille mais toujours captivante histoire (celle du théorème d'incomplétude de Gödel), j'explore l'idée, plutôt humiliante pour les humains, que certaines vérités mathématiques pourraient ne pas être vérifiables par notre esprit sans l'aide de l'ordinateur.

Les mathématiques et les ordinateurs se complètent : logiciel et matériel sont les deux côtés de la même médaille. Mais trop souvent, les gens s'émerveillent devant le corps de la machine — avec ses puces et ses scanners optiques, ses animations en trois dimensions — et oublient (ou ne savent jamais) que son âme est mathématique. L'un des objectifs de ce livre est de faire contrepoids à cette image partielle et partiale et de révéler la valeur de la main invisible des mathématiques.

Les trois parties sont largement indépendantes et peuvent être lues dans un ordre différent sans qu'il y ait perte de continuité. Certaines preuves mathématiques et quelques détails techniques ont été relégués en appendices.

J'ai écrit ce livre pour un large public, profane ou expert, en ne supposant de sa part qu'une connaissance élémentaire des concepts mathématiques. Des notions de calcul différentiel et d'algèbre linéaire sont nécessaires pour comprendre certains passages, mais un esprit curieux est la seule condition préalable à l'appréciation générale du texte.

Je tiens à exprimer ma gratitude à plusieurs personnes qui ont lu des parties du manuscrit et dont les critiques pleines de tact ou les éloges (exagérés ?) m'ont aidé à rédiger un meilleur livre : Peter Géczy, de l'Université de technologie Toyohashi, Japon ; Michel Grabisch, du Laboratoire central de recherche Thomson-CSF, Orsay, France ; Kazuo Nakamura, du Laboratory for International Fuzzy Engineering Research, Yokohama, Japon ; Andrew Watson, de l'Institute of Food Research, Norwich, Grande-Bretagne ; et Doron Zeilberger, de la Temple University, Philadelphie.

Je suis également redevable au personnel des Presses de l'Université Princeton qui a collaboré à la production de ce livre, particulièrement à Bill Laznovsky, pour son excellent travail de mise au point et le soin qu'il a apporté aux détails. Je remercie spécialement mon éditeur, Trevor Lipscombe, de sa patience, de ses commentaires abondants et précieux et de son apport indispensable à cette entreprise.

ARTURO SANGALLI
Sherbrooke, Québec
juin 1998

Notes

1. A. J. MARDER, *From the Dreadnought to Scapa Flow*, Oxford, OUP, 1961-1970, 5 vol.

2. T. GRUETZNER, cité dans « Problem in Reactor May Be Widespread », *The Globe and Mail*, 10 janvier 1997.

3. R. THOM, dans Y. JOHANNISSE (éd.), *La Magie contemporaine. L'Échec du savoir moderne*, Montréal, Québec/Amérique, 1994, pp. 19-35.

4. P. P. WANG et S. K. CHANG (éds.), *Fuzzy Sets : Theory and Applications to Policy Analysis and Information Systems*, NewYork et Londres, Plenum Press, 1980, p. 196.

5. L. M. ADLEMAN, « Molecular Computation of Solutions to Combinatorial Problems », dans *Science*, vol. 266 (1994), pp. 1021-1024.

6. G. STRANG, « Wavelets », dans *American Scientist*, vol. 82 (1994), p. 255.

Première partie

LES VISIONS BROUILLÉES

chapitre 1

LES CLASSES AUX FRONTIÈRES INCERTAINES

> La physique théorique exige le plus haut niveau possible de précision rigoureuse dans la description des relations, comparable à celui obtenu dans l'emploi du langage mathématique.
>
> (ALBERT EINSTEIN, *sur les structures de la physique théorique)*[1].

UNE MATHÉMATIQUE DES QUANTITÉS NÉBULEUSES

Dans un article publié en 1965[2], Lotfi Zadeh, professeur de génie électrique à l'Université de Californie, faisait une observation fondamentale: la plupart des collections d'objets que nous trouvons dans le monde réel ne sont pas définies de façon précise. Ainsi, il est clair que tout chien, tout cheval ou tout oiseau entre dans la classe des animaux, alors que les roches, les fluides et les plantes n'en font pas partie. Cependant, des objets tels que les étoiles de mer et les bactéries ont un statut ambigu, les termes contradictoires «animal» et «non-animal» semblant tous les deux leur convenir. Dans le même ordre d'idées, des appellations telles que «formes rondes», «vieilles voitures» et «basses températures» sont elles aussi dépourvues d'une définition précise.

Et pourtant, les classes aux frontières incertaines remplissent le langage et la pensée, et jouent un rôle important dans la communication de l'information. L'idée de Zadeh fut de quantifier cette incertitude, laquelle n'est pas due au hasard mais à l'absence de critères nettement définis de l'appartenance à une classe. Le concept qui en résulte — soit celui d'un ensemble flou — utilise la rigoureuse précision des mathématiques pour composer avec l'imprécision de la pensée humaine. Si l'article de Zadeh commençait par énoncer des évidences, la suite, elle, fut révolutionnaire. Ce premier chapitre est une visite guidée des ensembles flous et de leur conséquence, la logique floue.

LES ENSEMBLES, LA LOGIQUE ET LES ALGÈBRES BOOLÉENNES

Avant d'aborder la notion d'ensemble flou, il n'est pas inutile de parler des ensembles ordinaires, car les deux concepts sont intimement liés : les ensembles familiers sont des cas particuliers des ensembles flous.

Autrefois, seuls les mathématiciens et les philosophes qui s'intéressaient aux fondements des mathématiques étudiaient les ensembles ; aujourd'hui, ceux-ci sont enseignés dès l'école primaire et même aux tout petits des écoles maternelles — relique de la révolution des « nouvelles mathématiques » des années 70. (On peut se demander si une connaissance aussi précoce, et superficielle, des ensembles accroît les compétences mathématiques ou logiques des élèves.)

Un ensemble est habituellement conçu comme une « collection d'objets », mais cette description n'est pas très éclairante. Ce qui importe, c'est d'être en mesure de dire quels sont les objets qui entrent dans l'ensemble et quels sont ceux qui n'y entrent pas. Par exemple, si Z dénote l'ensemble de tous les lauréats du prix Nobel de chimie, alors Ernest Rutherford, Marie Curie et Ilya Prigogine sont dans l'ensemble Z (ils ont obtenu le prestigieux prix, respectivement, en 1908, 1911 et 1977). Par ailleurs, Frank Sinatra et Margaret Thatcher ne sont pas dans Z. Pour prendre un exemple mathématique, supposons que P est l'ensemble de tous les nombres premiers : alors, 2, 7 et 13 sont certainement dans P (ou appartiennent à P ou sont des éléments, des membres, de P), tandis que 10, 22 et 63 en sont exclus. Pour des nombres très grands, le classement peut prendre un certain temps, mais il n'en demeure pas moins nettement défini : n est dans P s'il n'est pas divisible par un nombre plus petit que lui-même — excepté, bien entendu, le nombre 1.

P est un sous-ensemble de l'ensemble plus grand N de tous les nombres naturels (les nombres 0, 1, 2, 3, etc. que nous utilisons pour compter). Nous pouvons de façon commode représenter l'appartenance à un sous-ensemble par un chiffre binaire : 1 pour un membre et 0 pour un non-membre. Le symbole $P(x)$ dénote le degré d'appartenance du nombre naturel x dans le sous-ensemble P. Par exemple, $P(7) = 1$, $P(15) = 0$, $P(2^{859\,433}) = 0$ et $P(2^{859\,433} - 1) = 1$. (Selon le *Livre des records Guinness*, le nombre $2^{859\,433} - 1$ est premier — mais il est inutile de perdre son temps à le vérifier. Il s'est révélé premier grâce à un calcul effectué par un superordinateur en janvier 1994. À cette époque, c'était le plus grand nombre premier connu. En fait, il n'existe pas de nombre qui soit le plus grand nombre premier.)

Les ensembles peuvent être combinés de différentes façons pour former d'autres ensembles. Étant donné deux ensembles A et B, leur réunion est l'ensemble $A \cup B$ qui consiste en ces objets qui sont soit dans A soit dans B. Par exemple, si A est l'ensemble des diviseurs de 10 ($A = \{1, 2, 5, 10\}$) et B l'ensemble des diviseurs de 15 ($B = \{1, 3, 5, 15\}$), alors $A \cup B = \{1, 2, 5, 10, 3, 15\}$ - l'ensemble des nombres qui divisent soit 10 soit 15 (ou les deux). L'intersection $A \cap B$ est formée des objets dans A et B. Dans l'exemple ci-dessus, $A \cap B = \{1,5\}$ — les diviseurs communs à 10 et 15.

Union et intersection peuvent être visualisées à l'aide de diagrammes appelés diagrammes de Venn, dans lesquels les ensembles sont représentés par des cercles ou par d'autres courbes fermées. (John Venn, logicien anglais du XIXe siècle, est surtout connu à cause de son emploi de ces diagrammes géométriques pour décrire les relations entre des ensembles.) Si nous traçons un cercle pour chaque ensemble, leur union est représentée

FIGURE 1.1

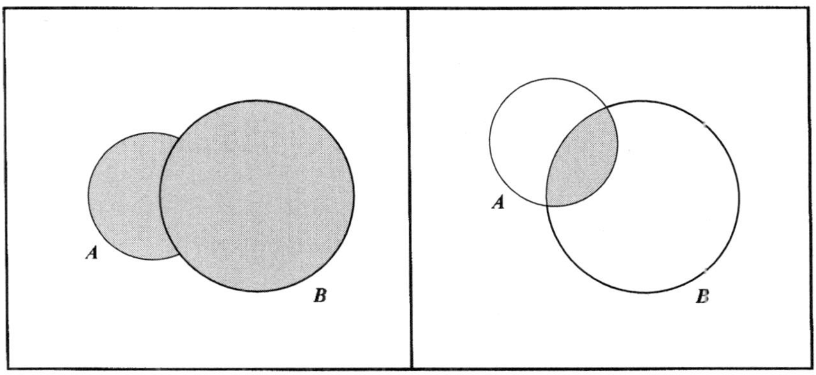

FIGURE 1. 1. Les diagrammes de Venn représentent l'union (à gauche) et l'intersection (à droite) des ensembles A et B.

par la région à l'intérieur des cercles, et leur intersection par la région commune aux deux cercles (les parties foncées de la figure 1.1).

Lorsque nous nous entendons sur la sorte d'objets dont nous désirons parler, nous avons un « univers de discours » ou ensemble universel U. Alors, chaque ensemble A possède un complément $\overline{A}$, constitué des objets dans U qui ne sont pas membres de A. Par exemple, si nous discutons des nombres naturels et que A est l'ensemble de tous les nombres pairs {0,2,4, ...}, alors $\overline{A}$ est l'ensemble de tous les nombres impairs {1, 3, 5, ...}. Le traitement que Venn fait de U a été critiqué par C. L. Dodgson, alias Lewis Carroll. L'auteur d'*Alice au pays des merveilles*, mieux connu pour ses œuvres littéraires que pour ses réalisations mathématiques, insista sur le besoin d'englober les cercles dans un rectangle, pour ainsi délimiter l'univers du discours. De cette façon, le complément de A est représenté par la région extérieure au cercle mais intérieure au rectangle (fig. 1. 2).

Les trois opérations introduites ci-dessus sont des manières particulières de combiner des sous-ensembles (d'un ensemble donné) pour former d'autres sous-ensembles. Des combinaisons répétées, représentées par des expressions comme $(A \cap \overline{B} \cup (\overline{A \cup C})$, ont donné naissance à une algèbre que le mathématicien britannique George Boole fut le premier à étudier. La structure de cette algèbre booléenne des classes reflète celle que l'on retrouve dans l'algèbre de la logique inventée par Boole durant les années 1850.

FIGURE 1.2

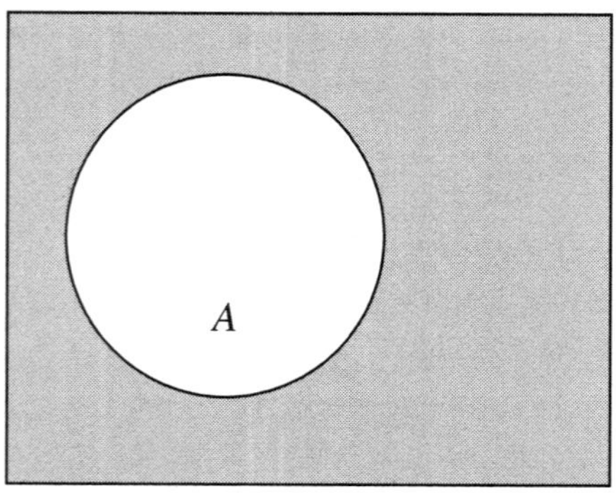

FIGURE 1. 2. Un diagramme de Venn du complément de l'ensemble A.

L'idée de Boole fut de remplacer le processus usuel de la déduction logique par la manipulation algébrique de certaines expressions formelles. Dans le calcul propositionnel de Boole, les lettres représentent des énoncés qui peuvent se combiner selon les connecteurs « ou », « et » et « non » — équivalents linguistiques des opérations sur les ensembles : union, intersection et complément.
Les applications techniques de l'algèbre de la logique de Boole durent attendre presque un siècle. En 1938, Claude E. Shannon, qui devait s'illustrer plus tard par sa théorie mathématique de la communication, était étudiant au Massachusetts Institute of Technology. Dans son mémoire de maîtrise, Shannon montra comment les algèbres booléennes pouvaient servir à l'analyse et à la configuration des circuits électriques[3]. Constitués de contacts de relais et de commutateurs connectés en série ou en parallèle, ces circuits apparurent dans les centraux téléphoniques automatiques et dans les commandes des moteurs industriels. De semblables circuits, construits à partir d'éléments appelés portes logiques, accomplissent des opérations sur des signaux binaires et constituent aujourd'hui le système nerveux central des ordinateurs électroniques numériques.

Une élégante théorie mathématique est à l'origine des applications pratiques des algèbres booléennes à la logique propositionnelle, aux circuits et aux ordinateurs numériques : le calcul symbolique des fonctions binaires à *n* variables binaires. Les scientifiques et les ingénieurs modernes peuvent considérer comme acquis cet outil théorique, et cela grâce à la géniale démonstration de Boole selon laquelle le raisonnement peut s'exécuter par le « calcul » ou, pour parler plus simplement, par laquelle la logique peut se réduire à l'algèbre.

LES ENSEMBLES FLOUS

La caractéristique d'un ensemble est qu'il est nécessaire qu'un objet donné soit ou ne soit pas dans l'ensemble. Si cette dichotomie à la Hamlet fonctionne bien pour des objets mathématiques comme les nombres, nous devons cependant nous rendre compte qu'il y a un problème quand nous essayons de l'appliquer au monde réel. Certains objets peuvent être classés sans hésitation : ainsi, un chien est un animal et une banane n'en est pas un. Le pianiste Arthur Rubinstein était assurément vieux quand il mourut en 1982 (il avait 95 ans) et Mozart, enfant prodige, n'était certainement pas vieux quand il composa sa première sonate (à l'âge de sept ans). Mais le pittoresque Picasso était-il vieux quand il peignit le *Portrait de Dora Maar* (il avait 56 ans) ? Les éponges sont-elles des animaux ?

La classe des animaux aquatiques et la classe des vieilles personnes ne sont pas des ensembles au sens ordinaire, parce que ni « animal aquatique » ni « vieille personne » ne sont des concepts bien définis. Afin de traiter de ces classes mal définies, Zadeh eut l'idée de permettre que le degré d'appartenance soit un nombre compris entre 0 et 1. Il appela ces classes *ensembles flous*. Zadeh s'attendait à ce que ce nouveau concept, qui généralisait celui d'un ensemble ordinaire, trouve des applications dans le domaine de la reconnaissance des formes et dans celui de la communication de l'information. Non seulement l'avenir lui donna raison, mais il avait grandement sous-estimé les possibilités de sa création.

Contrairement à celles des ensembles ordinaires, les frontières des ensembles flous ne sont pas nettes, mais… floues. Et parce que les ensembles flous font place à l'appartenance partielle, c'est-à-dire aux objets qui ne sont ni totalement à l'intérieur ni totalement à l'extérieur, ils peuvent s'adapter à l'ambiguïté du langage humain beaucoup mieux que ne peuvent le faire les ensembles ordinaires. Prenons, par exemple, la classe des vieilles personnes. À l'âge de cinq ans, une personne n'est certainement pas vieille (degré d'appartenance 0), et à l'âge de 95 ans, la même personne est manifestement vieille (degré d'appartenance 1). Mais quelque part entre 5 et 95, il y a une zone grise, représentée numériquement par des degrés d'appartenance plus grands que 0 et moins grands que 1. Par exemple, une personne de 40 ans peut se situer au degré 0,30 dans l'ensemble flou des vieilles personnes (intuitivement, la description d'une telle personne comme « vieille » est exacte à 30 %). À l'âge de 58 ans, le degré d'appartenance peut se situer à 0,70 ou 0,75 et atteindre 1 lorsque la personne parvient à l'âge de 85 ans.

Ce qui importe ici, c'est l'absence de démarcation nette ; il n'existe aucun âge magique g tel que vous deveniez vieux (et le demeuriez) dès l'instant où vous l'atteignez — alors que vous n'étiez pas vieux la veille. Cette situation n'est pas due à l'insuffisance de notre connaissance ou à notre inaptitude à calculer g, mais au fait que « vieux » ne peut être saisi en une définition précise comme peut l'être « nombre premier » ou « prix Nobel ». Évidemment, on peut toujours décider que « vieille personne » signifie « âge égal à ou plus grand que 65 ans ». Même si une telle définition arbitraire peut convenir à certaines fins, la classe qu'elle caractérise est fondamentalement différente de la classe des vieilles personnes, la première étant un ensemble ordinaire, la seconde ne l'étant pas.

Un autre exemple d'un ensemble flou est la classe P des personnes pauvres. Nous verrons que traiter P comme un ensemble bien défini conduit à une absurdité. Car, si quelqu'un qui a un revenu annuel de X (disons 2000 $) est membre de P, alors quelqu'un dont le revenu annuel est de $X+1$ le sera tout autant (ce n'est pas un dollar de plus qui empêchera l'indigence). Pour la même raison, ceux qui ont des revenus de $X+2$, $X+3$, et ainsi de suite, sont tout aussi pauvres. Mais, si on répète cet argument un assez grand nombre de fois, on en arrive à la conclusion qu'un individu qui gagne 100 000 $ par année est pauvre ! Ce paradoxe résulte de l'existence présumée d'un seuil de la pauvreté, si cher aux statisticiens des gouvernements, car, dans ce cas, le dollar qui permet de franchir ce seuil change tout — ce qui confirme le simple bon sens selon lequel la notion officielle de pauvreté est différente de la réalité.

Il est important de comprendre que le concept d'ensemble flou n'est pas d'ordre statistique, et qu'il y a une différence entre le flou et l'aléatoire. Le flou, au sens de Zadeh, représente le vague dans l'intuition humaine, non la probabilité. La probabilité concerne l'occurrence des événements : ainsi, quand tous les faits sont là, un événement donné ou bien a eu lieu ou bien n'a pas eu lieu. La somme de deux dés jetés est ou n'est pas 7 ; lorsque s'arrête la roulette, le compartiment qui contient la boule est noir ou ne l'est pas. Mais à des questions comme : l'exposé était-il long ? le conférencier était-il petit ? la salle de conférence était-elle grande ? on ne peut pas toujours répondre par un oui ou par un non, même si tous les faits (la longueur du discours, la taille du conférencier et les dimensions de la salle) sont là. On peut visualiser certains ensembles flous, surtout les sous-ensembles flous des nombres, par une représentation comme celle qui se trouve à la figure 1.3. En termes mathématiques, ceux-ci sont simplement les habituels graphiques des fonctions d'appartenance $y=A(x)$ dans un système de coordonnées cartésiennes. Ces graphiques sont souvent soit triangulaires soit trapézoïdales, ou sont, à l'occasion, en forme de cloche. Les formes les plus simples sont préférables parce qu'elles facilitent les calculs.

Il faut souligner que concevoir une classe donnée A en tant qu'ensemble flou est une chose et que c'en est une autre de pouvoir préciser sa fonc-

FIGURE 1.3

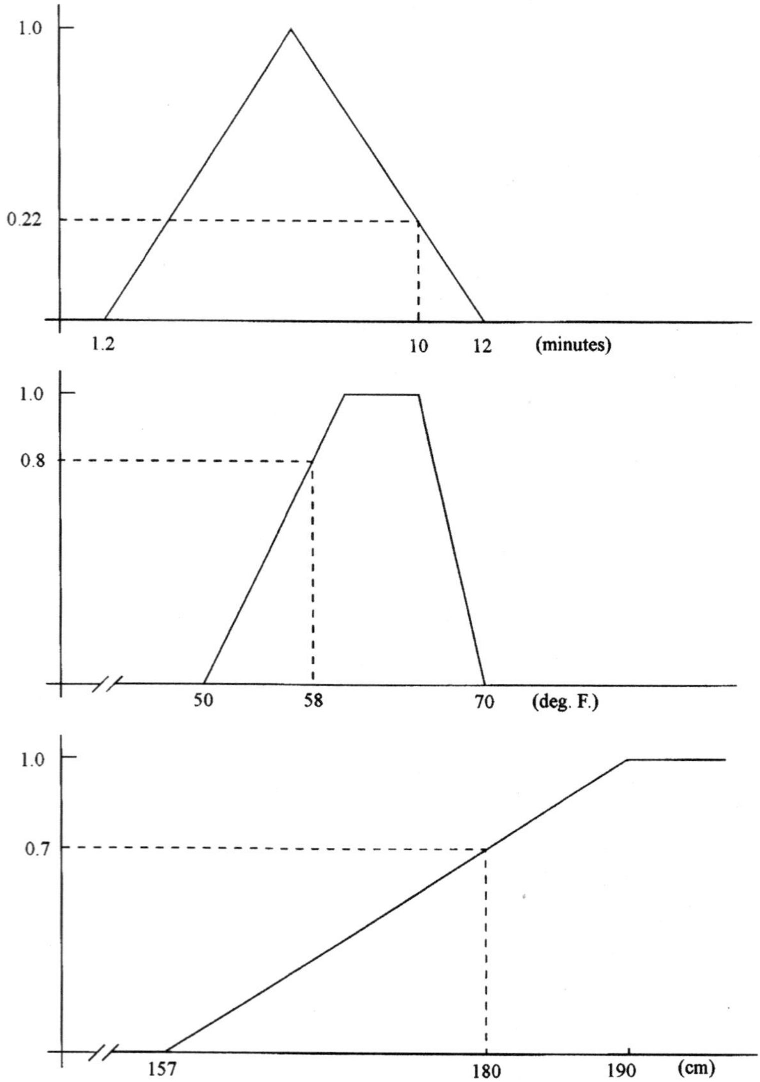

FIGURE 1. 3. Les fonctions d'appartenance des ensembles flous. En haut : l'ensemble flou du temps moyen de lavage d'une machine à laver ; par exemple, 10 (minutes) possède un degré d'appartenance de 0,22 dans cet ensemble flou. Au centre : l'ensemble flou des températures froides. En bas : l'ensemble flou des personnes de grande taille.

tion d'appartenance $A(x)$. De même qu'il n'y a pas un seuil de pauvreté séparant nettement les pauvres des non-pauvres, ainsi n'y a-t-il pas de vraie fonction d'appartenance pour l'ensemble flou des gens pauvres ou pour n'importe quel autre ensemble flou. Ceci ne veut pas dire que le choix des degrés d'appartenance soit complètement arbitraire. Des considérations à la fois théoriques et empiriques interviennent dans la sélection, comme le font le contexte et la situation particulière à modéliser. L'utilisation croissante des techniques d'apprentissage et d'optimisation, tels les réseaux de neurones et les algorithmes génétiques, fait en sorte que la sélection des fonctions d'appartenance est de moins en moins un art et de plus en plus une science. Mais, indépendamment de la méthode employée (conjecture éclairée ou algorithme), la principale raison du choix d'une fonction d'appartenance particulière dans l'application pratique des ensembles flous est, en définitive, « que ça marche ».

Les graphiques comme ceux de la figure 1.3 sont une façon commode de représenter des sous-ensembles flous isolés. Pour obtenir une image de la totalité des sous-ensembles flous (d'un ensemble universel X), il existe une meilleure technique : celle de Bart Kosko. Celui-ci eut l'idée de représenter chaque sous-ensemble de X par un point dans un système de coordonnées cartésiennes[4]. Pour simplifier, supposons que l'univers X ne soit constitué que de deux éléments, $X = \{x_1, x_2\}$. Alors, le sous-ensemble flou S de X, dans lequel x_1 a un degré d'appartenance 0,2 et x_2 un degré 0,7, est représenté par un point de coordonnées (0,2 ; 0,7) [figure 1.4]. D'une façon générale, le sous-ensemble A de X est représenté par un point de coordonnées $(A(x_1)\,;A(x_2))$.

Remarquons que cet univers X a quatre sous-ensembles ordinaires (qui sont, évidemment, des cas particuliers des ensembles flous) : $\{x_1, x_2\}$, $\{x_1\}$, $\{x_2\}$ et le sous-ensemble vide { }. Les quatre sommets du carré correspondent alors aux sous-ensembles ordinaires de X (par ex. (0 ; 1) correspond à $\{x_2\}$ et (0 ; 0) au sous-ensemble vide). Aller des sous-ensembles ordinaires à tous les sous-ensembles flous de X équivaut à « remplir le carré ». Cela signifie également se déplacer du discret (quatre points) au continu (le carré plein) — une vivante illustration de l'abondance des sous-ensembles flous.

La représentation des ensembles au moyen de points peut s'étendre à des dimensions plus grandes. Si $X = \{x_1, x_2, x_3\}$, alors les sous-ensembles ordinaires de X sont représentés par les huit sommets d'un cube dans un système de coordonnées cartésiennes à trois dimensions, et la collection de tous les sous-ensembles flous de X remplit le cube entier. Les sous-ensembles flous d'un X infini peuvent être illustrés par les points d'un « hyper-cube » aux dimensions infinies.

LES OPÉRATIONS SUR LES ENSEMBLES FLOUS

Revenons brièvement sur les ensembles ordinaires. Si A et B sont de tels ensembles, A est dit inclus dans B si chaque élément de A est aussi un élément de B. En symboles : $A \subseteq B$. Par exemple, l'ensemble des nombres premiers plus grands que 2 est inclus dans l'ensemble des nombres impairs, ceci traduisant dans le jargon des ensembles le fait que tous les nombres premiers plus grands que 2 sont impairs. La notion d'inclusion d'un ensemble peut s'exprimer par les fonctions d'appartenance, car nous avons $A \subseteq B$, précisément si

FIGURE 1.4

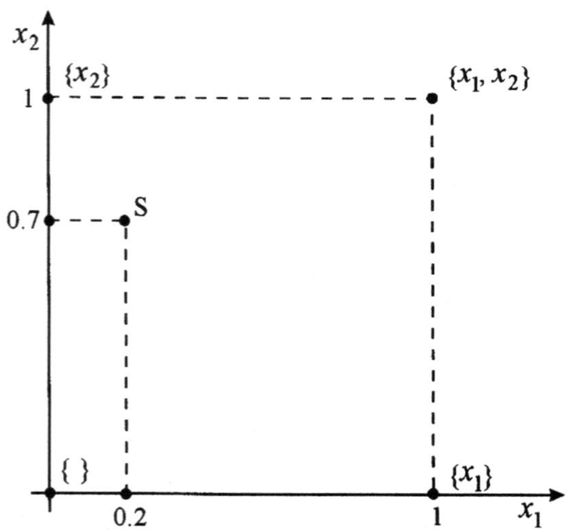

FIGURE 1. 4. Les sous-ensembles flous de $X = \{x_1, x_2\}$ en tant que points du carré unitaire. Les sommets du carré correspondent aux quatre sous-ensembles ordinaires de X. Le point (0,2 ; 0,7) représente un sous-ensemble flou S. Les degrés d'appartenance de x_1 et x_2 dans S sont, respectivement, 0,2 et 0,7.

pour tout x dans l'ensemble universel, $A(x) \leq B(x)$ (1)

En d'autres termes, $A \subseteq B$ signifie que, étant donné n'importe quel x, le degré d'appartenance de x en A ne peut excéder son degré d'appartenance en B—en termes plus crus, $A \subseteq B$ si aucun x ne peut se trouver dans A « plus » qu'il ne l'est dans B. Puisque que l'énoncé (1) est formulé dans le langage des fonctions d'appartenance, cela a du sens pour tous les sous-ensembles de X—, les flous aussi bien que les ordinaires. Ainsi, nous pourrons dire que le sous-ensemble flou A est inclus dans le sous-ensemble B si (1) est vrai.

On peut utiliser une approche semblable pour étendre les opérations sur les ensembles (l'union, l'intersection, etc.) aux ensembles flous d'une façon naturelle. Nous devons tout d'abord faire remarquer que le degré d'appartenance de x dans $A \cup B$ est le plus grand (ou le maximum) des deux degrés $A(x)$, $B(x)$. En symboles :

$$(A \cup B)(x) = \max \{A(x), B(x)\} \qquad (2)$$

De la même façon, le degré d'appartenance de x dans $A \cap B$, qui est le plus petit (ou le minimum) de $A(x)$, $B(x)$, est exprimé par la formule :

$$(A \cap B)(x) = \min \{A(x), B(x)\} \qquad (3)$$

Le degré d'appartenance de x dans le complément $\bar{A}$, s'obtient à partir de l'équation :

$$\bar{A}(x) = 1 - A(x) \qquad (4)$$

(si x est dans A, $A(x) = 0$; si x n'est pas dans A, alors $\bar{A}(x) = 1$).

Les trois équations ci-dessus ont encore du sens quand $A(x)$ et $B(x)$ sont des nombres entre 0 et 1, de sorte qu'elles peuvent être utilisées pour définir des opérations « floues » sur des sous-ensembles flous. L'équation (2), par exemple, indique que le degré d'appartenance de x dans l'union (floue) $A \cup B$ doit être le plus élevé des deux degrés $A(x)$, $B(x)$. La figure 1.5 illustre l'effet des ces opérations floues sur les graphiques des fonctions d'appartenance.

Parce que les mêmes règles de combinaison s'appliquent, l'union floue (ou l'intersection) de deux ensembles ordinaires coïncide avec leur union (intersection) habituelle. Dans le jargon technique, on peut exprimer ce

FIGURE 1.5

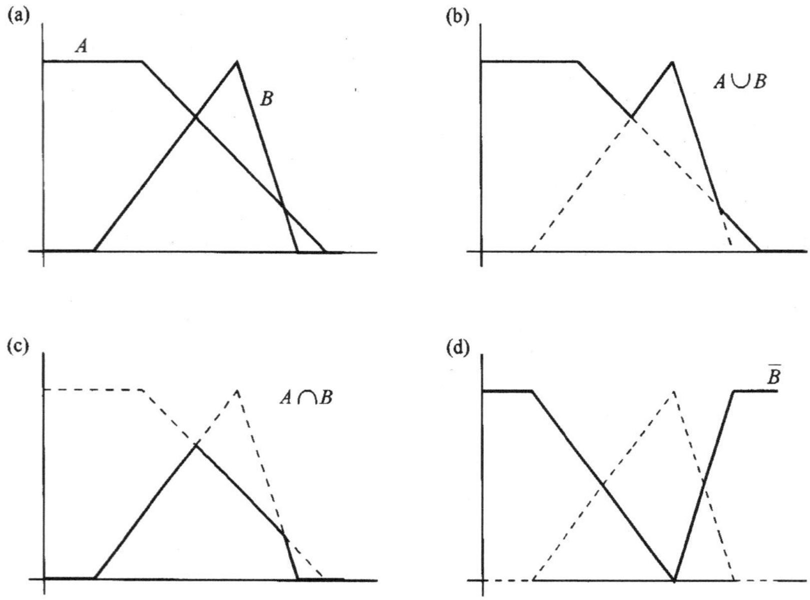

FIGURE 1. 5. Les opérations sur les sous-ensembles flous. (a) Les fonctions d'appartenance des sous-ensembles flous A et B ; (b) la fonction d'appartenance de leur union ; (c) de leur intersection ; et (d) du complément de B.

fait en disant que les opérations floues sont des extensions des opérations familières au domaine plus grand de tous les sous-ensembles flous de X. Et il en va ainsi pour un nombre infini d'autres combinaisons possibles de sous-ensembles flous. Par exemple, on peut construire un nouveau sous-ensemble flou C à partir de A et B en précisant que

$$C(x) = A(x) + B(x) - A(x)\,B(x) \tag{5}$$

Alors, un simple calcul confirme que, si A et B sont des ensembles ordinaires (c'est-à-dire que $A(x)$ et $B(x)$ sont forcément soit 0 soit 1), alors C est leur union habituelle. Bien que beaucoup d'autres façons de combiner deux ou plusieurs sous-ensembles flous aient été proposées, seule une poignée d'entre elles se sont révélées d'un intérêt autre que théorique.

LE FLOU COMME LOGIQUE POLYVALENTE

Le degré d'appartenance $A(x)$ de x dans l'ensemble flou A est généralement perçu comme indiquant « dans quelle mesure » x est dans A. Mais $A(x)$ peut aussi s'interpréter comme le degré de vérité de l'énoncé « x est dans A ». Pour un ensemble ordinaire, $A(x)$ est soit 1 soit 0, selon que l'énoncé « x est dans A » est vrai ou faux. Mais si A est flou, la valeur de vérité de « x est dans A » peut être n'importe quel nombre entre 0 et 1. À titre d'exemple, prenons A comme étant l'ensemble flou des voitures chères. Si c est une voiture donnée, alors $A(c)$ représente le degré selon lequel est vrai l'énoncé « la voiture c est chère ». De tels énoncés flous donnent une plus grande portée à la logique binaire traditionnelle en permettant un continuum de nuances de vérité.

Voici un autre exemple. En 1991, Hitachi construisit le prototype d'un dispositif de sécurité (en fait, un réseau de neurones) qui peut apprendre à reconnaître les signatures. Il faut d'abord fournir trois échantillons d'une même signature en signant avec une plume spéciale sur un bloc-notes électronique. Chose intéressante, cette machine enregistre non seulement la signature en tant qu'objet graphique mais aussi l'allure de l'exécution de son tracé (plus précisément, les composantes verticales et horizontales du vecteur vitesse associé à la pointe de la plume). Celui qui essaiera de déjouer la machine devra alors contrefaire cette signature en la traçant à la même vitesse que son auteur. Pour que cette signature soit validée, on signe de nouveau sur le bloc-notes, la machine étant cette fois en mode « vérifier ». Après un bref intervalle, l'écran montre un nombre entre 0 et 1. Si ce nombre est 0,93, la ressemblance entre l'échantillon et la signature originale est de 93 %. On pourra interpréter ce résultat comme signifiant que l'énoncé « la personne qui vient de signer est Sandra Smith » a une valeur de vérité égale à 0,93 — énoncé pas absolument vrai mais probablement assez vrai pour autoriser le retrait de 100 000 $ du compte de banque de Mme Smith.

Précision

> Toute logique traditionnelle suppose que des symboles précis soient utilisés. Par conséquent, elle ne s'applique pas à la vie terrestre mais seulement à une existence céleste imaginaire.
>
> (Bertrand Russell)[5].

Au royaume idéal des mathématiques, les choses sont certaines et précises, mais, dans le monde réel, la précision et la certitude absolues sont des denrées fort rares. Le rapport de la circonférence d'un cercle à son diamètre est exactement π, mais, dans nos calculs pratiques, nous devons nous satisfaire d'une approximation décimale. Les hauteurs d'un triangle parfait se rencontrent en un point précis, mais les triangles réels ne sont jamais parfaits et les points n'existent que dans notre imagination. Alors que les énoncés mathématiques sont ou vrais ou faux, les affirmations de la vie de tous les jours ne cadrent pas avec ce genre de dichotomie, car la vie se partage rarement — voire jamais — entre le noir et le blanc.

Les horloges numériques, les compteurs de vitesse et les calculatrices de poche font clignoter des chiffres avec la clarté du cristal liquide. Mais quelle est la portée de ces chiffres et de quel degré de précision avons-nous vraiment besoin dans notre vie quotidienne ? Des concepts imprécis (l'amour, la justice, le mauvais, le joli, le gros, le drôle) remplissent nos pensées et notre langage. L'interprétation que fait le jury d'une notion aussi nébuleuse que celle de « doute raisonnable » peut, dans certains cas, être une question de vie ou de mort.

L'éternelle quête philosophique de la connaissance et de la sagesse s'exprime dans le langage humain, donc dans un langage inexact. Gian-Carlo Rota, mathématicien au Massachusetts Institute of Technology, condamne les philosophes contemporains qui, dans leurs tentatives d'imiter les mathématiques, abordent les questions philosophiques avec ce qu'il appelle « le mythe de la précision »[6]. Il fait remarquer qu'un concept n'a pas besoin d'être rigoureusement précis pour être porteur de sens. « Notre raisonnement de tous les jours n'est pas précis, de dire Rota, mais il n'en est pas moins efficace. La nature elle-même, depuis les galaxies jusqu'aux gènes, est approximative et inexacte. » Et il ajoute : « Les concepts philosophiques sont parmi les moins précis. La signification de termes comme "esprit", "perception", "mémoire" et "connaissance" n'est ni fixe ni claire ; ils ont quand même du sens. »

Le fait de quantifier un phénomène d'une façon à première vue précise le fait apparaître comme étant exact et bien compris. Dans une conférence donnée au Japon, Lotfi Zadeh cita un jour un article de journal selon lequel la probabilité qu'un tremblement de terre de magnitude 6 sur l'échelle sismique [de Richter] se produise dans les deux mois était de 11 %. « Les lecteurs de cet article, faisait-il observer, allaient avoir la fausse impression que le chiffre de 11 % (plutôt que 10 ou 12 %) était le résultat d'une connaissance suffisante des tremblements de terre. »

Selon Zadeh, complexité et précision sont inversement proportionnelles, car au fur et à mesure que la complexité d'un problème augmente, la possibilité de l'analyser en termes précis diminue. Dès lors, une façon de penser floue peut être légitime, si elle rend possible la solution de problèmes trop complexes pour une analyse précise.

Dans de nombreuses situations, la précision peut être onéreuse ou prendre trop de temps. Zadeh choisit comme exemple la tâche banale de garer une voiture. « D'habitude, un conducteur peut se garer sans trop de difficultés, parce que la position finale de la voiture n'est pas préalablement précisée. Si elle l'était, cela prendrait des jours et peut-être des mois pour garer sa voiture »[7]. Un exemple plus complexe est le codage des images numériques de la télévision par les techniques de compression des données. La perte d'une certaine précision dans la restitution de l'image, à peine perceptible à l'œil nu, est grandement compensée par l'augmentation de la vitesse de transmission. C'est cette tolérance envers l'imprécision que la logique floue exploite dans nombre de ses applications.

QU'EST-CE QUE LA LOGIQUE FLOUE ?

Les consommateurs, en général, se blâment pour leur incapacité à utiliser des machines telles que les magnétoscopes, les fours électroniques, voire l'ordinateur personnel. Mais est-ce leur faute s'ils ne peuvent penser comme les machines — talent que les concepteurs de celles-ci semblent tenir pour acquis ? La logique floue sert, entre autres choses, à faciliter la construction de machines qui raisonnent davantage comme des êtres humains, afin que ces derniers n'aient pas à penser comme des machines.

L'expression « logique floue » semble être une contradiction dans les termes : en effet, ce ne serait pas vraiment un compliment de dire à quelqu'un qu'il a une logique « floue » ! Dans son sens original et technique, la logique floue est une méthode mathématique, fondée sur la théorie des ensembles flous, qui permet aux machines de « raisonner » davantage comme des êtres humains. La logique floue est habituellement mise en place par un algorithme, ou programme, sur un ordinateur classique. Mais la méthode comporte aussi une composante subjective — dès lors, essentiellement empirique et inexacte —, car elle présuppose la traduction sous forme numérique de l'imprécision du langage et du savoir humains.

Cette dualité — exact/inexact — de la logique floue est, je crois, une de ses forces, mais elle est aussi une source de malentendus. Beaucoup de critiques, de bonne foi ou non, n'en voient qu'un des aspects. « On prétend que la logique floue utilise des concepts vagues et des données imprécises. C'est faux », écrivait un lecteur mécontent de l'un de mes articles de vulgarisation[8]. Et il ou elle — les initiales ne le précisent pas — de continuer : « La logique floue saisit des données précises, analogiques, se livre à un traitement fantaisiste, pour ensuite produire des données de sortie analogiques précises. J'appelle cela traitement de signaux analogiques. » Ce lecteur a raison au fond, mais il (ou elle) omet de reconnaître le rôle que joue la logique floue dans l'élaboration de ce « traitement fantaisiste ».

À l'autre extrême, il y a ceux qui critiquent le côté imprécis de la logique floue. Voici un extrait d'une autre lettre : « Bien entendu, la pensée simpliste peut convenir dans des cas simples, et la logique floue peut, en effet, programmer des ascenseurs et des machines à laver. Mais il en va de même pour les arguments probabilistes. Le vrai danger d'un raisonnement incohérent, à la mode, apparaîtrait s'il était appliqué à des objets importants tels que la sécurité aérienne ou le contrôle des réacteurs nucléaires. La pensée floue dans ces domaines se révélerait aussi dangereuse qu'inquiétante. »

Une telle réaction est typique de ceux qui considèrent la logique floue non seulement comme une méthode spécifique (algorithme) mais comme une attitude ou une philosophie générale. Cette philosophie du flou a ses détracteurs aussi bien que ses adeptes. L'approche floue, lorsqu'elle est appliquée à la solution de problèmes pratiques, est, pour ses détracteurs, au mieux redondante et, au pire, irresponsable et dangereuse. La devise de ces critiques pourrait être : « Si c'est flou, cela ne peut pas être pris au sérieux. » Les « croyants », de leur côté, considèrent que la pensée floue est un puissant moyen de comprendre le raisonnement humain et de gérer la complexité du monde réel. C'est au Japon plus qu'ailleurs que cette fascination pour le flou s'est manifestée. « Le flou est inhérent à la culture japonaise », affirme Toshiro Terano, directeur du Laboratory for Fuzzy Engineering Research (LIFE) de Yokohama. Ainsi, ce n'est pas un hasard si les scientifiques et les ingénieurs japonais ont joué un rôle déterminant dans la mise au point des applications pratiques qui ont popularisé la logique floue. Terano voit dans la logique floue un outil et un nouveau paradigme pour résoudre des problèmes pour lesquels il est difficile, voire impossible, d'obtenir des modèles mathématiques exacts. « Comme outil, la logique floue peut capter la signification incertaine des mots et traiter la subjectivité et l'intuition du processus de la pensée humaine », fait-il remarquer.

Le mot de la fin appartient à Lotfi Zadeh, le créateur du concept. Au printemps 1994, Zadeh écrivait : « Le terme *logique floue* est en fait utilisé dans deux sens différents. Dans un sens étroit, la logique floue est un système logique qui est une extension de la logique polyvalente et est destinée à servir comme une logique du raisonnement approximatif. Mais dans un sens plus large, la logique floue est plus ou moins synonyme de théorie des ensembles flous, c'est-à-dire une théorie des classes aux frontières diffuses. Ce qu'il importe de reconnaître, c'est que le terme *logique floue* est aujourd'hui employé principalement dans ce sens large »[9].

Cependant, Zadeh lui-même a admis récemment que le terme logique floue peut induire en erreur. S'adressant à des experts dans une rencontre internationale à l'Université de Californie (Berkeley) au printemps de 1996, il affirma : « Dans ce que nous faisons aujourd'hui (en logique floue), nous n'avons pas vraiment affaire à la logique. Nous nous servons des mathématiques, de la manipulation et de l'évaluation des fonctions ; mais, pas de la logique, à proprement parler, simplement du calcul »[10]. Une telle clarification pourra aider les lecteurs à résoudre la question que la plupart d'entre eux vont probablement se poser tôt ou tard : ceci est flou, c'est sûr, mais est-ce logique ?

Notes

1. A. Einstein, « Prinzipien der Forschung, Rede zur 60. Geburstag von Max Planck » (1918), dans *Mein Weltbild*, Ullstein Verlag, 1977, pp. 108-109, (trad. *Ideas and Opinions*, New York, Crown, 1954, pp. 225-226). Tel que cité dans I. Prigogine et I. Stengers, *Order Out of Chaos*, Flamingo (Fontana Paperbacks), 1985, pp. 52-53.

2. L. A. Zadeh, « Fuzzy Sets », dans *Information and Control*, 8 (1965), pp. 338-356.

3. C. E. Shannon, « A Symbolic Analysis of Relay and Switching Circuits », dans AIEE *Transactions*, vol. 57 (1938), pp. 713-723.

4. B. Kosko, « Fuzziness *vs.* Probability », dans *International Journal of General Systems*, vol. 17, n°s 2 et 3 (1990), Gordon and Breach Science Publishers.

5. B. Russell, « Vagueness », dans *Australian Journal of Philosophy*, 1 (1923), pp. 84-92.

6. G.-C. Rota, « The Pernicious Influence of Mathemathics upon Philosophy », dans *Synthese* 88 (1991).

7. L. A. Zadeh, « The Calculus of Fuzzy If/Then Rules », dans *AI Expert*, vol. 7, n° 3 (1992), pp. 23-27.

8. A. Sangalli, « Fuzzy Logic Goes to Market », dans *New Scientist*, vol. 133, n° 1807 (1992), pp. 36-39.

9. L. A. Zadeh, « Fuzzy Logic and Soft Computing : Issues, Contentions and Perspectives », *Proceedings of the 3rd International Conference on Fuzzy Logic, Neural Nets and Soft Computing*, Iizuka, Japon, 1-7 août, 1994, pp. 1-2.

10. 1996 Biennial Conference of the North American Fuzzy Information Processing Association NAFIPS, Université de Californie, Berkeley, 19 au 22 juin, 1996, séance plénière.

chapitre 2

MIEUX VAUT FLOU QUE JAMAIS

Il n'est pas toujours nécessaire de comprendre un système pour le contrôler. Y a-t-il un meilleur exemple de la plausibilité de ce principe que notre propre cerveau? Après tout, les êtres humains l'ont utilisé pendant des milliers d'années sans avoir la moindre idée de son fonctionnement.

Supposons que vous soyez sur une autoroute. Vous vous rendez compte que la distance entre votre voiture et le véhicule qui est devant vous diminue, et vous freinez. La pression que vous appliquez sur la pédale dépend de plusieurs facteurs: la vitesse de votre voiture, la distance qui sépare les deux véhicules, la vitesse à laquelle cette distance diminue, l'état de la route, et ainsi de suite. Mais il ne vous est pas nécessaire de connaître les valeurs numériques de ces quantités pour « déduire » la meilleure pression de freinage. Étant un conducteur expérimenté, vous freinez instinctivement avec la pression voulue; vous avez développé une sensibilité au freinage. La logique floue est une méthode pour transmettre cette même sensibilité à une machine, un procédé qui facilite l'encodage du savoir-faire humain sous une forme que les ordinateurs peuvent comprendre et utiliser.

UN SIMPLE PROBLÈME DE CONTRÔLE

Dans le jargon technique, la situation sur l'autoroute se traduit comme suit. Votre voiture et le véhicule devant vous forment un système. Votre cerveau sert à contrôler la distance entre les deux véhicules; ses actions visent à éviter une collision en gardant la distance nécessaire. Cette analyse est utile si nous envisageons la conception d'un mécanisme pour le contrôle automatique des freins. L'appareil auquel nous pensons sera alimenté par toutes les données pertinentes (ou données d'entrée): la vitesse de votre voiture, la distance qui sépare les deux véhicules, etc. À partir de ces informations, ce dispositif devra calculer le freinage approprié (ou données de sortie). Comme les données saisies changent continuellement, le cycle entrée/sortie (*input/output*) devra se répéter à intervalles réguliers (peut-être plusieurs fois par seconde) pour assurer un contrôle efficace.

Nous sommes ici devant ce que les ingénieurs appellent un problème de contrôle: à partir des valeurs de certaines variables d'entrée (la vitesse, la distance, etc.), calculez la valeur de la variable de sortie (la pression sur la pédale de frein) qui garantit une performance satisfaisante du système (rouler à une distance prudente).

La méthode classique pour résoudre ce problème requiert une modélisation mathématique du système. Il s'agit généralement d'un ensemble d'équations différentielles mettant en rapport les quantités numériques concernées avec leurs taux de changement. La pression du freinage nécessaire résulte alors de la résolution de ces équations. En définitive, notre problème de contrôle sera résolu, du moins en théorie, si nous pouvons proposer: (a) une description mathématique du système et (b) une méthode pour résoudre les équations qui proviennent de (a) en temps réel (cette condition étant cruciale, car l'appareil de contrôle doit pouvoir agir avant qu'il ne soit trop tard pour éviter une collision). Voilà les grandes lignes de la solution classique.

Une approche différente a été mise à l'essai pour la première fois, il y a à peu près vingt ans. Se basant sur la théorie des ensembles flous, la nouvelle technique contourne l'exigence (a) — le besoin d'un modèle mathématique. Son principe central est l'encodage d'une version linguistique des opérations requises pour contrôler le système.

Pour appliquer la nouvelle méthode à notre problème de freinage, nous devons d'abord analyser les mesures prises par le conducteur, à savoir la façon dont celui-ci répond, en freinant, aux diverses conditions de la vitesse et de la distance. Cette connaissance humaine est alors formalisée selon des règles conditionnelles :

si (conditions actuelles), alors (mesure à prendre)

Le charme de ceci est que les règles peuvent être formulées selon les notions floues du langage courant. Par exemple : « Si votre vitesse est moyenne et que la distance qui vous sépare du véhicule qui précède est prudente et qu'elle diminue plutôt rapidement, alors freinez modérément. » Pour traiter cette information de façon numérique, les ensembles flous peuvent représenter mathématiquement les expressions imprécises « distance prudente », « pression modérée », et ainsi de suite. Ensuite, les règles d'opération sont encodées dans un programme pour ordinateur ou appareil de contrôle flou. Pendant que vous roulez sur l'autoroute, des détecteurs mesureront les données saisies (la vitesse, la distance, etc.) et transmettront ces informations à l'appareil de contrôle flou. En utilisant l'algorithme appelé *inférence floue*, l'appareil de contrôle calculera alors la bonne pression sur la pédale de frein. Si tout se passe bien, votre voiture et vous-même arriverez indemnes à destination.

Cet exemple, quoiqu'un peu artificiel, sert à illustrer les concepts auxquels fait appel le problème du contrôle par la logique floue. Un appareil de contrôle flou fondé essentiellement sur les mêmes principes a été testé par Peugeot[1]. La voiture expérimentale est dotée d'un dispositif de sécurité capable d'assumer le freinage au cas où le conducteur soudainement serait distrait ou dans l'incapacité de maîtriser sa voiture. Par l'utilisation de quatre variables d'entrée et de vingt règles d'opération, l'appareil de contrôle calcule la pression pour freiner en cas d'urgence.

Les applications commerciales de l'appareil de contrôle flou par l'industrie automobile touchent déjà les consommateurs — à leur insu, peut-être. Plusieurs fabricants japonais utilisent la logique floue pour contrôler la transmission automatique de leurs modèles. Par exemple, le système de contrôle de vitesse de la Mazda Sentia met à profit la logique floue pour empêcher le passage à une vitesse supérieure pendant l'ascension d'une pente[2] ; de son côté, le modèle 1998 de la Nouvelle Coccinelle de Volkswagen utilise la logique floue pour adapter la transmission automatique au style du conducteur.

LES ORIGINES DU CONTRÔLE FLOU

Retracer les origines d'une idée (qui a fait quoi?—et, surtout, quand?) est toujours une question délicate, mais il semble prudent d'attribuer à Abe Mamdani la première démonstration des possibilités pratiques de la théorie des ensembles flous. Mamdani était professeur au Département de génie électrique du Queen Mary College (actuellement, le Queen Mary and Westfield College) à Londres, au début des années 70, lorsque lui et son étudiant Seto Assilian employèrent la logique floue pour contrôler le fonctionnement d'un petit engin à vapeur[3]. Le contrôle du procédé flou était né.

Rétrospectivement, il s'agissait de la réalisation d'une idée très simple: automatiser les décisions que prend un expert pour contrôler un processus. Un des premiers travaux entrepris en ce sens fit appel aux connaissances d'un expert exprimées sous forme de règles linguistiques. Celles-ci étaient dues à D. A. Watermann, lequel avait fait des recherches sur le lien existant entre l'apprentissage automatique et le poker[4]. Mamdani a reconnu l'influence qu'a exercée cet auteur sur la mise au point de sa nouvelle technique. « En fait, écrit-il, on devrait rappeler que les travaux sur le contrôle des processus qui recourent à la logique floue se sont inspirés autant de Watermann et de sa façon d'aborder les prises de décision basées sur des règles que de Zadeh et de sa nouvelle théorie des sous-ensembles flous »[5].

L'ingénierie du contrôle traditionnel repose sur des modèles mathématiques explicites. Cette approche est fructueuse quand les modèles se présentent comme de simples équations différentielles (généralement linéaires) comportant un petit nombre de variables d'entrée et de sortie. Mais beaucoup de processus, tels les réactions chimiques complexes ou le fonctionnement d'une usine, ne se prêtent guère à une telle approche, parce que personne ne comprend à vrai dire comment ils se déroulent. Le nombre de variables impliquées dans ces processus rend impossible la formulation, mathématiquement précise, de leur interrelations complexes. Dans de tels cas, le recours à la logique floue est tentant, parce que la conception d'un appareil de contrôle « flou » ne requiert pas un modèle théorique exact. Il suffit simplement d'avoir une stratégie générale de contrôle des processus, comme, par exemple, la connaissance d'un opérateur expérimenté.

Dès que l'efficacité de la méthode de Mamdani fut expérimentalement établie, beaucoup de gens s'emparèrent de l'idée de recourir à la logique floue pour assurer le contrôle des systèmes: depuis les procédés industriels, tels que la cimenterie, la purification de l'eau et les fonctionnement automatique du métro, jusqu'aux appareils électroménagers.

En 1980, le fabricant danois de ciment F. L. Smidth & Co. A/S s'est servi d'un appareil de contrôle flou pour réguler le fonctionnement d'un four. C'était la première application industrielle de la logique floue. Un four à ciment est une chambre rotative dans laquelle le calcaire, l'argile, le sable et le minerai de fer sont brûlés à hautes températures. Les petites concrétions qui se forment dans le processus sont ensuite pulvérisées sous forme de ciment. On contrôle le processus en faisant varier la vitesse de rotation du four, le taux du combustible et la vitesse du ventilateur d'induction qui aspire les gaz très chauds de la combustion. Il n'est pas possible de construire un modèle exact, parce que le four est sujet à des perturbations aléatoires qu'on ne peut quantifier, et parce que sa réponse aux actions de l'opérateur sont extrêmement variables.

Trois ans plus tard, en 1983, l'usine de filtration d'eau à Akita City, au Japon, recourut aux techniques floues mises au point par Fuji Electric Co. Ltd. pour la régulation de l'injection des produits chimiques. La plus spectaculaire application de la logique floue de la décennie fut le système qui commande le métro automatisé de la ville japonaise de Sendai[6]. Se faisant plus doucement que dans les trains qui fonctionnent manuellement, le freinage et l'accélération rendent le voyage des passagers plus confortable et plus sécuritaire. Conçu par les ingénieurs de Hitachi, le système a réduit la consommation d'énergie de 10 %. Il a aussi ramené la marge d'erreur à moins de 10 cm par rapport aux points précis de l'arrêt des trains dans les stations— score supérieur à ceux de la plupart des conducteurs expérimentés, d'après un porte-parole du Bureau des transports municipaux de la ville.

De semblables techniques seront plus tard intégrées dans des systèmes experts et étendues à des domaines aussi divers que le diagnostic médical, la reconnaissance des images par les robots et la prévision des taux de change. Nous discuterons de ces applications dans une section subséquente. Pour l'instant, penchons-nous sur la technique elle-même.

CALCULER AVEC LES MOTS

Pour le célèbre astronome Galilée et beaucoup de ses successeurs, le livre de la nature a été écrit dans le langage des mathématiques, « et ses caractères sont des triangles, des cercles et autres figures géométriques ». Nous savons aujourd'hui que cette vision idéaliste, fondée sur la foi plutôt que sur les faits, n'est que partiellement vraie, même si les mathématiques se sont considérablement développées depuis l'époque de Galilée. Bien entendu, beaucoup de relations observées ou théoriques peuvent se condenser en une formule mathématique précise. Un exemple fameux est le $E = mc^2$ d'Einstein, équation qui lie l'énergie, la masse et la vitesse de la lumière. Mais d'autres relations sont imparfaitement connues et peuvent tout au plus être décrites selon les termes vagues d'un langage naturel, comme dans :

si x est petit et y est moyen, alors *z* est grand

Dans des cas comme celui-ci, nous disons que *x*, *y* et *z* sont des variables « linguistiques », parce que leurs valeurs ne sont pas des nombres mais des mots (petit, grand, etc.). Par l'emploi des ensembles flous, nous pouvons transformer ces mots en relations numériques sur lesquels peuvent être exécutés des calculs. Tel est le pouvoir de la logique floue, que Lotfi Zadeh a déjà appelée « une méthode pour calculer avec les mots ».

Les valeurs d'une variable linguistique *x* sont en fait des sous-ensembles flous d'un certain ensemble *X* de nombres. Par exemple, supposons que *x* représente la vitesse d'une voiture (en kilomètres/heure) et que ses valeurs linguistiques soient « petite », « moyenne » et « haute ». Dans ce cas, *X* peut être l'ensemble des nombres de 0 à 200, chacun de ces trois mots désignant un certain sous-ensemble flou de *X*.

Une règle d'inférence floue prend dès lors la forme générale suivante :

si *x* est *A* et *y* est *B* alors *z* est *C* (6)

où *A*, *B* et *C* sont des mots qui nomment des sous-ensembles flous. Dans une application pratique au contrôle, (6) décrit une relation entre les variables d'entrée (*x* et *y*) et la mesure de contrôle exigée (la variable de sortie z). Par exemple, « si la température (*x*) est élevée (*A*) et la densité de l'image (*y*) est faible (*B*), alors la charge (*z*) est haute (*C*) », est une des neuf règles qui contrôlent la quantité de charge électrique qui devrait être transmise au tambour d'une photocopieuse. La charge (*z*) dépend de la température (*x*) et de la densité, ou du ratio noir/blanc (*y*) de l'image en train d'être copiée.

UN TOUR D'ÉQUILIBRE

Équilibrer un bâton sur la paume d'une main est un jeu d'enfant. Mais comment enseigner le truc à un robot ? L'histoire de la réponse que Takeshi

Yamakawa a donnée à cette question fournit un remarquable aperçu de la méthodologie et du pouvoir du contrôle flou. À l'époque, en 1987, il travaillait au Département de génie électrique et de science informatique de l'Université de Kumamoto, mais un peu plus tard il se joignit au Kyushu Institute of Technology de Iizuka, qui venait d'être fondé. Les deux institutions sont situées à Kyushu, île de l'archipel du Japon.

Le système[7] de Yamakawa consiste en un petit véhicule («la main du robot») muni d'une perche rigide (le «bâton») qui lui est reliée par un pivot, tel qu'illustré dans la figure 1.6. Le véhicule, propulsé par un servomoteur, peut se déplacer vers l'avant et vers l'arrière sur un rail rectiligne. Pour équilibrer la perche, ce mouvement doit se faire à une vitesse appropriée qui change constamment.

Nous pouvons construire un modèle mathématique du problème en partant des lois de la physique. Les variables temporelles pertinentes sont la position du véhicule sur le rail (y), l'angle que forme la perche avec la verticale (θ) et leur vitesse de changement par rapport au temps ou, en termes mathématiques, leurs dérivées: y' (vitesse du véhicule), y'' (son accélération), θ' (la vitesse angulaire de la perche) et θ'' (l'accélération angulaire), la force horizontale H au point d'articulation du pivot, et ainsi de suite. En plus de ces quantités variables, certaines constantes sont également impliquées: la longueur de la perche (L) et les masses de la perche (m) et du véhicule (M).

Le modèle mathématique consiste alors en un système de quatre équations différentielles non linéaires. À titre d'exemple, l'une d'elles est:

$$H = my'' + m(L/2)\,(\theta'' \cos \theta - \theta'^{2} \sin \theta)$$

La vitesse juste, c'est-à-dire savoir à quelle vitesse et dans quelle direction le véhicule doit se déplacer pour maintenir la perche en équilibre, dépend de la résolution de ces équations. Des méthodes pratiques sont disponibles pour résoudre le système d'équations par ordinateur. Mais pour empêcher la perche de tomber, surtout si elle est courte et légère, le calcul doit être fait presque instantanément. En d'autres mots, les équations doivent être résolues en temps réel, prouesse qui dépasse la puissance des ordinateurs actuels. Mais laissons là l'exactitude des modèles mathématiques, et revenons à logique floue.

Yamakawa a basé son approche sur un modèle linguistique du système, plutôt que sur des équations différentielles. Ce modèle possède deux

FIGURE 1.6

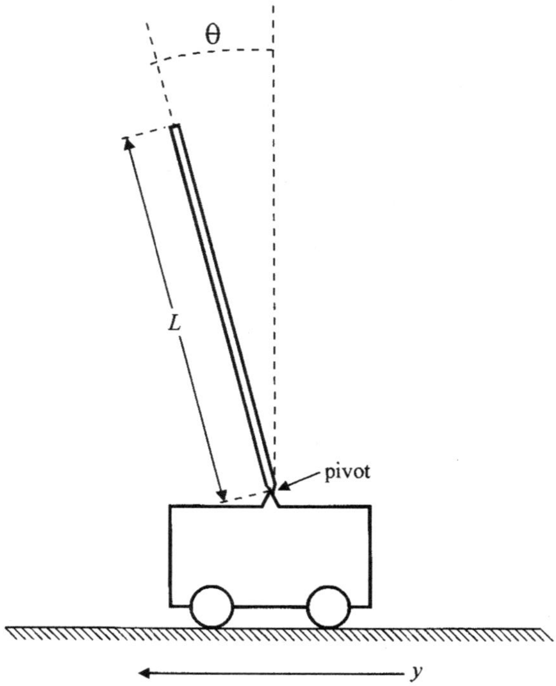

FIGURE 1. 6. Un petit véhicule (« la main du robot ») muni d'une perche rigide (le « bâton ») qui lui est reliée par un pivot. Il peut bouger vers l'avant et vers l'arrière sur un rail rectiligne.

variables d'entrée : l'angle θ et sa dérivée θ' (en termes simples, θ' mesure la vitesse selon laquelle la perche tombe ou monte). La variable de sortie ou de contrôle est la vitesse du véhicule (y').

Les valeurs de ces variables sont des nombres affectés d'un signe, c'est-à-dire pouvant être positifs, négatifs ou nuls (zéro). Le signe correspondant à θ, par exemple, indique dans quelle direction la perche est inclinée : vers l'avant (+), vers l'arrière (-), ni l'un ni l'autre (0) (à la verticale) ; le signe correspondant à y' indique si le véhicule doit se déplacer vers l'avant (+), vers l'arrière (-) ou rester immobile (0) ; le signe correspondant à θ' dépend du sens (des aiguilles d'une montre ou l'inverse) dans lequel la perche tourne.

Comme première étape dans la construction d'un modèle linguistique, les mouvements exécutés instinctivement par un être humain pour équilibrer la perche sont analysés et exprimés sous forme de règles d'opération. En effet, nous disons au robot comment mouvoir sa main selon l'« erreur » (soit l'angle θ avec la verticale) et son taux de changement (θ'). Le charme de cette approche, c'est que l'on peut traduire ces instructions dans la langue de tous les jours. Par exemple :

Si la perche est en équilibre, ne bougez pas votre main (7)

Ensuite, les relations intuitives entre les variables sont encodées en fonction des ensembles flous. Ceux-ci sont appelés : négatif grand (*NG*), négatif moyen (*NM*), négatif petit (*NP*), zéro (*ZR*), positif petit (*PP*), positif moyen (*PM*), positif grand (*PG*). Dès lors, (7) devient la règle d'inférence floue :

Si θ est *ZR* et θ' est *ZR*, alors y' est *ZR* (8)

(Une perche en équilibre est verticale ($\theta = 0$) et ne bouge pas ($\theta' = 0$) ; vu que la « main » ne devrait pas bouger, sa vitesse (y') doit être égale à zéro.)

Autre règle : « Si la perche s'incline légèrement en s'éloignant de vous et tombe lentement, bougez votre main vers l'avant mais pas trop vite », ce qui se traduit par :

Si θ est *PP* et θ' est *PP*, alors y' est *PP* (9)

En dehors de (8) et (9), le modèle linguistique conçu par Yamakawa comprend cinq autres règles ; elles sont toutes énumérées dans le tableau 1. Contrairement au modèle mathématique dont on a discuté précédemment, le modèle linguistique, lui, ne comporte explicitement aucune équation ou valeur numérique. Une autre différence entre les deux modèles concerne leur comportement à priori. Tandis que nous pouvons démontrer théoriquement que la solution des équations différentielles assure effectivement l'équilibre de la perche, aucune preuve semblable n'est possible en ce qui concerne le modèle linguistique. Autrement dit, personne ne peut prévoir si oui ou non l'algorithme d'inférence floue basé sur les sept règles linguistiques du tableau 1 — ou sur un autre ensemble de règles similaires — peut parvenir à équilibrer la perche. Le succès — ou l'échec — ne se

TABLEAU 1

Sept règles linguistiques pour équilibrer un pendule renversé. Par exemple, la règle 4 : si l'angle est positif petit et la vitesse angulaire est négative petite, alors la vitesse du véhicule est zéro.

RÈGLE	ANGLE	VITESSE ANGULAIRE	VITESSE DU VÉHICULE
n°	(θ)	(θ')	(y')
1.	ZR	ZR	ZR
2.	PP	PP	PP
3.	PM	ZR	PM
4.	PP	NP	ZR
5.	NM	ZR	NM
6.	NP	NP	NP
7.	NP	PP	ZR

Notes :
NP = négatif petit
NM = négatif moyen
PP = positif petit
PM = positif moyen
ZR = zéro

démontre qu'expérimentalement : mettez en marche le système et observez ce qui arrive.

Si un ensemble donné de règles d'inférence échoue à la tâche, essayez un nouvel ensemble (il est plus facile de créer des règles de contrôle que de résoudre des équations différentielles non linéaires). Remarquons ici que, si nous devions dire au robot quoi faire pour chaque condition d'entrée possible, nous nous retrouverions avec 49 règles (puisque θ et θ' peuvent prendre chacun sept valeurs linguistiques). C'est une des réalités de la méthode floue qu'un nombre de règles relativement petit suffit généralement à assurer le contrôle. Une solution de rechange à cette approche par tâtonnement est la recherche automatique d'un ensemble optimal de règles. Les plus populaires de ces techniques se fondent sur les réseaux de neurones et sur les algorithmes génétiques (qui feront l'objet de la troisième partie).

Mais la détermination d'un ensemble convenable de règles de contrôle ne suffit pas. Afin d'obtenir un contrôle efficace, la réalisation de l'algorithme d'inférence floue doit être extrêmement rapide. Afin d'assurer une exécution presque instantanée, Yamakawa a conçu le premier appareil de contrôle flou à haute vitesse. En actionnant des interrupteurs, l'appareil de contrôle peut être programmé pour exécuter n'importe quel ensemble d'au plus quinze règles comprenant les sept valeurs floues, depuis celle de *NP* (négatif petit) jusqu'à celle de *PG* (positif grand). La fonction d'appartenance de chaque ensemble flou est représentée par un circuit. Le signal de sortie de ce circuit, qui varie de 0 à 5 volts, correspond aux degrés d'appartenance allant de 0,0 à 1,0. Quinze puces à « règles » accomplissent les inférences floues et une puce à « annuler le flou » convertit leurs conclusions en une valeur numérique analogique (l'algorithme d'inférence floue et l'annulation du flou sont expliqués dans la section suivante). Grâce à son architecture parallèle, le dispositif régulateur peut répondre à tout changement d'une valeur d'entrée en moins d'une microseconde. Ceci correspond à une vitesse « de déduction » d'un million de décisions floues par seconde.

Pour démontrer l'efficacité de son régulateur, Yamakawa a appliqué celui-ci à la stabilisation de la perche, problème connu sous le nom de « contrôle du pendule inversé ». Voici comment fonctionne ce système. Un détecteur mesure l'angle θ que fait la perche avec la verticale, calcule la dérivée θ' et fournit ces informations au dispositif de contrôle. À partir de ces données, des puces à règles exécutent les sept inférences floues précisées dans le tableau 1, et une autre puce d'annulation du flou calcule la sortie (non floue). Cette valeur numérique détermine la vitesse de rotation du servomoteur qui déplace le petit véhicule sur les rails.

Le contrôleur flou à haute vitesse a réussi à équilibrer un pendule court et un pendule long. Le court mesurait 5 mm de diamètre, 15 cm de longueur et pesait 3,5 g ; l'autre était deux fois plus épais, avait 50 cm de long et pesait 50 g. Le même ensemble de règles de contrôle fut utilisé dans les deux cas, même si les perches différaient par la longueur et par le poids. Ce qui confirmait l'efficacité du contrôle flou pour manœuvrer des systèmes dont les paramètres varient dans le temps, tels les trains ou les réservoirs, qui peuvent être plus ou moins remplis. En outre, le contrôleur a démontré qu'il pouvait tolérer un mauvais fonctionnement ou un défaut de matériel aussi bien qu'une légère erreur de programmation. Car, même après la suppression d'une des règles ou un changement mineur dans une valeur floue (par exemple, de positif grand à positif moyen), le système fonctionna convenablement, quoiqu'il fût moins stable.

Le système de contrôle flou et d'équilibrage de la perche a été fabriqué par la compagnie d'électronique Omron et exposé au IIe Congrès mondial de l'International Fuzzy Systems Association (IFSA). La rencontre, qui eut lieu à Tokyo durant l'été 1987, fut une vitrine pour les applications pratiques de la logique floue. Elle laissait prévoir le « boom flou » des biens de consommation du début des années 90, l'industrie japonaise s'étant rendu compte du potentiel commercial de ces nouvelles techniques (caméscopes, conditionneurs d'air, machines à laver).

LA MAGIE DE L'INFÉRENCE FLOUE

> Si l'humanité se contente de conquérir un pouvoir sur les choses,
> elle pourra sans doute se résigner à l'incompréhension,
> car on peut agir sans comprendre les raisons
> de l'efficacité de notre action.
>
> (RENÉ THOM)[8].

L'étape cruciale dans la mise en œuvre d'une règle d'inférence floue est de lui donner une forme mathématique. Ceci se fait généralement en interprétant :

si x est A et y est B, alors z est C

comme la description d'une procédure qui génère un nouveau sous-ensemble flou C' (la « conclusion ») à partir des sous-ensembles flous A' et B' (les données). La procédure est souvent présentée comme une fausse déduction logique ou inférence « floue » :

RÈGLE : si x est A et y est B, alors z est C
PRÉMISSES : x est A', y est B'
CONCLUSION : z est C'

Dans la plupart des applications, les valeurs de x et y sont des nombres x_0 et y_0 qui résultent de la mesure de la vitesse, de l'angle, du voltage, ou d'une autre variable (numérique). Alors, les prémisses « x est A' » et « y est B' » deviennent « x est (égal à) x_0 » et « y est (égal à) y_0 », la fonction d'appartenance du sous-ensemble flou C' étant définie par l'équation

$$C'(z) = \min\{A(x_0), B(y_0), C(z)\} \qquad (10)$$

Ce qui signifie que le degré d'appartenance à C' du nombre z est le plus petit, ou le minimum, des degrés $A(x_0)$, $B(y_0)$, $C(z)$.

L'application de la logique floue aux problèmes de la vie réelle exige généralement plus d'une règle d'inférence—Mamdani utilisa quinze règles linguistiques pour contrôler le fonctionnement de son engin à vapeur. Pour les valeurs données x_0 et y_0, chaque règle produit un sous-ensemble flou (tel que calculé ci-dessus en (10)), lequel peut être interprété comme étant la contribution de cette règle particulière à la décision finale. Ces sous-ensembles flous, ou conclusions partielles, sont alors combinées en une seule conclusion finale D qui utilise l'opération d'union floue (voir Opérations sur les ensembles flous) :

$$D = C'_1 \cup C'_2 \cup \ldots C'_n \qquad (11)$$

où C'_1 est la conclusion de la règle 1, C'_2 est la conclusion de la règle 2, et ainsi de suite. Étant donné que l'opération de contrôle consiste généralement à régler la pression, la température, la charge, etc., la valeur de la variable z de sortie doit être un seul nombre z_0 (« le contrôle flou » étant, en réalité, le contrôle exact calculé à partir des règles floues). Le nombre z_0 est calculé à partir de l'ensemble flou D ci-dessus par une procédure d'annulation du flou. L'une des méthodes les plus largement utilisées est celle que l'on appelle la *méthode du centre de gravité* : si le sous-ensemble flou D est représenté par sa fonction d'appartenance (voir la figure 1.7), son centre de gravité est le nombre z_0 tel que la ligne verticale qui passe par ce point divise le graphique en deux régions d'égale surface.

Le procédé utilisé ci-dessus pour calculer la valeur z_0 de sortie à partir des valeurs x_0 et y_0 d'entrée s'appelle *algorithme d'inférence floue*. Illustrons cela par un cas très simple (pour une analyse plus détaillée, voir l'appendice 1). Considérons un système fictif avec, pour variables d'entrée x et y, et, pour variable de sortie z, ainsi que deux ensembles flous « approxima-

FIGURE 1.7

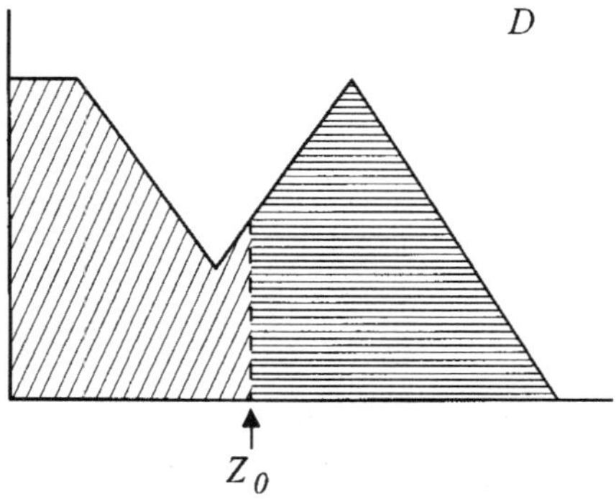

FIGURE 1. 7. Annulation du flou. La ligne verticale qui passe par le point z_0 (le centre de gravité) divise le graphique en deux régions d'égale surface.

tivement zéro » et « positif petit », dont les fonctions d'appartenance apparaissent dans la figure 1.8.

Les relations entre les trois variables sont décrites par les deux règles linguistiques suivantes :

> RÈGLE 1 : si x est approximativement zéro et y est positif petit, alors z est approximativement zéro.
>
> RÈGLE 2 : si x est positif petit et y est approximativement zéro, alors z est positif petit.

Quelle est la valeur optimale de z si $x = 0{,}8$ et $y = 0{,}4$ (tel que mesuré par certains capteurs, par exemple) ? La conclusion de l'inférence floue est l'ensemble flou D à droite de la figure, et son centre de gravité est le nombre 0,7. L'algorithme d'inférence floue nous aura ainsi permis de « déduire » que si x est 0,8 et y est 0,4, alors z devrait être 0,7.

> (Si, parvenu à ce point, le lecteur essaie de comprendre pourquoi cet algorithme en arrive à contrôler efficacement certains systèmes réels, alors il est en bonne compagnie, car pratiquement personne ne comprend vraiment pourquoi l'algorithme marche !)

Un algorithme de contrôle flou est habituellement très « robuste ». Ce qui veut dire qu'il peut tolérer certains changements (dans les opérations, les fonctions d'appartenance ou les paramètres du système) sans modifier de façon significative le rendement global de l'appareil.

Beaucoup d'autres algorithmes qui intègrent des idées et des techniques basées sur la théorie des ensembles flous ont bien fonctionné en pratique.

FIGURE 1.8

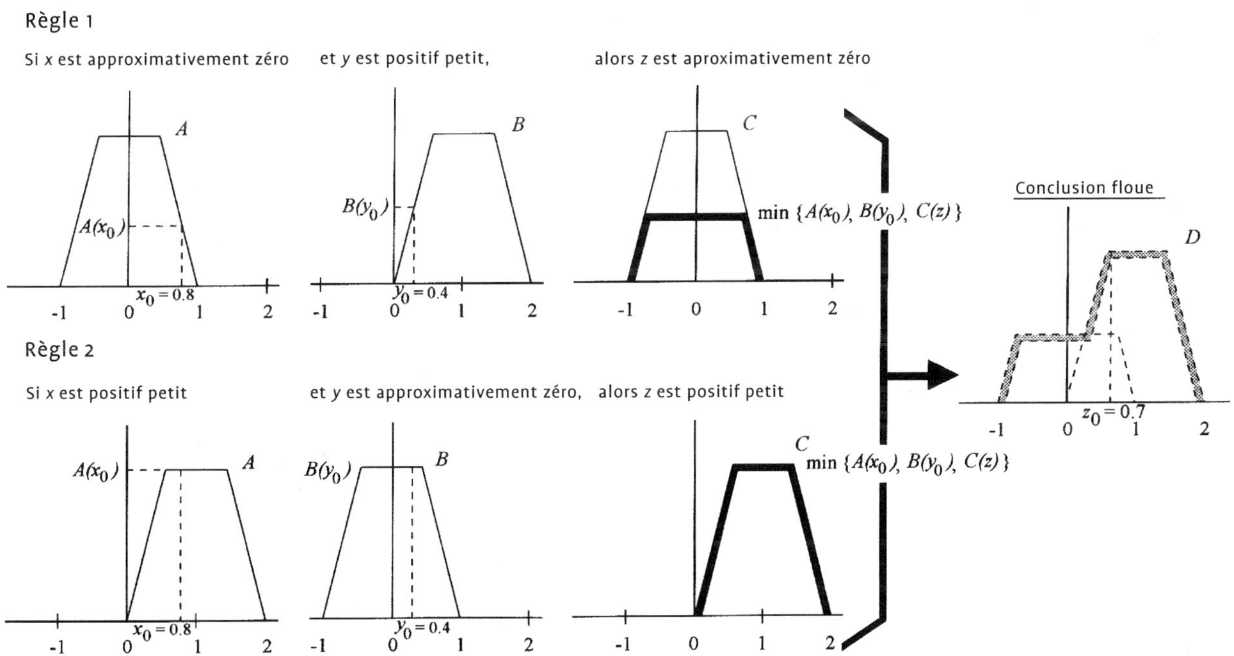

FIGURE 1. 8. L'algorithme d'inférence floue. Pour les valeurs x_0 = 0,8 et y_0 = 0,4, l'algorithme « déduit » la valeur optimale 0,7 de z à partir des deux règles floues données.

Par exemple, l'algorithme qui contrôle la vitesse des trains automatiques[9] dans la ville japonaise de Sendai recourt à douze règles du type

$$\text{si } (u = c \text{ implique que } x \text{ est } A \text{ et } y \text{ est } B), \text{ alors } u = c$$

où A et B sont des ensembles flous qui évaluent le rendement du système et c est une commande de contrôle non floue. À partir des données d'entrée (le temps, la position, la vitesse, etc.), l'algorithme assigne à chaque règle un nombre entre 0 et 1—la « vraisemblance » de la règle. Alors, la commande de contrôle c de la règle la plus vraisemblable est exécutée (par exemple, les freins sont réglés sur la coche 9). Le programme qui exécute l'algorithme sur un micro-ordinateur calcule une commande de contrôle toutes les 100 millisecondes.

LA LOGIQUE FLOUE SE FAIT COMMERCIALE

À la fin de 1990, on estimait que le nombre d'applications pratiques de la logique floue au Japon se situait entre deux cents et trois cents. Beaucoup de ces applications concernaient des biens de consommation qui, du même coup, faisaient entrer le mot « flou » dans les foyers japonais. « L'âge du flou a commencé », proclamait un message publicitaire pour la machine à laver Aisaigo Day Fuzzy, fabriquée par Matsushita. Il est intéressant de noter que la publicité emploie le mot anglais *fuzzy* [« flou »] à la place du mot japonais équivalent *aimai.* Ce stratagème de marketing s'avéra fructueux et rapidement tout produit portant l'épithète *fuzzy* fit un malheur.

Mais la notion de produit flou est elle-même floue. Dans l'ensemble, les produits dits « flous » sont des appareils électroniques qui incorporent, à un certain degré, le contrôle flou—bien qu'on ne puisse pas toujours dire dans quelle mesure : 10 pour cent, 50 pour cent ou 1 pour cent ? Leurs principales caractéristiques sont la simplicité de la mise en marche et le fonctionnement intelligent. L'utilisateur n'a qu'à appuyer sur le bouton de la machine ; après quoi, celle-ci va littéralement se contrôler toute seule et répondre avec bon sens aux conditions changeantes. En réalité, ces nouveaux appareils sont, dans bien des cas, plus performants que les modèles traditionnels.

Quand il faut laver le linge, par exemple, vous pouvez faire confiance à la puce floue pour décider de la meilleur façon de le faire. Remplissez seulement la machine à laver National et appuyez sur le bouton. Un détecteur optique va déterminer la sorte et le degré de saleté à partir de l'état de l'eau.

D'autre détecteurs vont vérifier la taille de la brassée et la sorte de détergent utilisé. À partir de ces informations, les règles d'inférence floue vont sélectionner le niveau d'eau et autres réglages pour le cycle le mieux adapté et le plus économique. Le fabricant promet un lavage parfait et des économies substantielles d'électricité. (Malheureusement, la machine ne vous avertira pas si vous mêlez des articles qui ne devraient pas être lavés ensemble ; auquel cas, attendez-vous à des couleurs floues à la fin du lavage !)

L'iris automatique du caméscope Sanyo répond plus efficacement aux conditions d'éclairage complexe avec la flexibilité des ensembles flous. Dans les systèmes classiques, il n'y a que deux degrés de « luminosité » : 0, si elle est de moins 1000 lux, et 1, si elle est égale à ou excède 1000 lux. Ainsi, des degrés de luminosité qui sont proches l'un de l'autre, mais situés de part et d'autre de la ligne de démarcation, entraînent des degrés d'intensité très éloignés. Grâce à une fonction d'appartenance floue, les degrés augmentent doucement de 0 à 1, si bien que de tels sauts ne se produisent pas. La luminosité d'ensemble est évaluée par l'emploi de règles qui déterminent la priorité des différentes régions de l'image dans différentes conditions. Ces règles d'inférence font usage de concepts tels que « petite » luminosité ou deux degrés d'intensité « proches » l'un de l'autre. La caméra peut alors compenser la lumière de fond ou l'excès de lumière au premier plan mieux que ne pourraient le faire les appareils qui basent l'estimation de la luminosité sur le tout-ou-rien.

En septembre 1989, Toshiba Corporation annonçait un système de gestion des ascenseurs muni d'un contrôleur flou incorporé à un système expert standard. Conçu pour gérer huit ascenseurs, le système Command-AI promettait de réduire le temps d'attente dans une tour en affectant de façon optimale un ascenseur à chaque appel. « Avec ce nouveau système flou, proclamait-on dans la brochure explicative, la possibilité d'avoir à attendre plus de 60 secondes est réduite de 30 % [par comparaison avec le système standard]. »

Le procédé de la photocopie, que la plupart des utilisateurs tiennent pour acquis (comment faisaient-ils au Moyen Âge, avant l'invention des photocopieuses ?) est délicat. Les processus électriques et optiques qui interviennent sont influencés, entre autres facteurs, par la température, l'état de l'encre et la densité de l'image (le rapport noir/blanc) du document à photocopier. Si ces variables ne sont pas convenablement contrôlées, la copie peut être de très mauvaise qualité. Dans les machines ordinaires, les réglages nécessaires sont faits manuellement par un technicien qualifié. Dans un modèle mis en vente par Canon en octobre 1990, un système utilisant la logique floue accomplit les réglages appropriés permettant d'assurer le transfert de l'encre au papier par électricité statique dans les meilleures conditions. Un détecteur mesure la température pendant qu'un potentiomètre saisit la densité de l'image du document. Neuf règles d'inférence floue entrent en jeu pour « déduire » la bonne charge (potentiel électrique) du tambour d'entraînement. Par exemple, « si la température est basse et la densité de l'image est haute, alors la charge est moyenne ». Le fabricant prétend que ce système non seulement élimine la nécessité d'un réglage manuel, mais qu'il réduit aussi le nombre de feuilles qui restent coincées, tout en maintenant une qualité de copie uniforme.

La frénésie du flou a couvert tout le spectre des biens de consommation : les appareils de télévision qui règlent le volume selon le niveau du bruit ambiant et la distance du téléspectateur, les fours à micro-ondes et les aspirateurs flous, les caméras vidéo capables de mettre au point le sujet, peu importe où celui-ci apparaît dans le cadre de l'image (les merveilles de la mise au point… floue).

Beaucoup d'autres usages pratiques de la logique floue furent testés pendant cette période, depuis l'aide au robot[10] dans ses mouvements jusqu'au réglage de l'ajusteur d'image d'un vidéo[11]. Nombre de ces appareils étaient des prototypes, et il est difficile de dire s'ils ont jamais dépassé le stade expérimental. Quoi qu'il en soit, d'après l'estimation d'un expert[12], le nombre de produits flous mis sur le marché au Japon pendant la période 1989-1993 dépasse les 600. Cette affirmation nous ramène à la question épineuse de l'évaluation des composantes floues d'un produit « flou » qui se proclame tel, et à celle, fondamentale, de ce qui constitue une « application » d'une théorie donnée. Si les ordinateurs numériques servent à gérer la production de pétrole, devons-nous considérer cela comme une application industrielle de l'arithmétique binaire et de l'algèbre booléenne ou comme une application des transistors et des circuits électroniques ?

Malgré toutes les merveilles de la théorie des ensembles flous, la plupart des applications de la logique floue n'existeraient pas sans la technologie avancée des détecteurs, des puces et de l'informatique à haute vitesse. Mais quel que soit le mérite de cette théorie dans la fabrication de tant de produits intelligents et conviviaux, les ingénieurs japonais ont raison d'être fiers d'avoir établi de nouveaux standards de conception et de performance. « Pour ce qui est du flou, dit Masato Nakayashiki, directeur général du Laboratory for International Fuzzy Engineering Research (LIFE) à Yokohama, personne ne peut prétendre que le Japon imite la technologie étrangère. »

Comme tous les booms qui méritent ce nom, celui du flou s'est finalement résorbé, tout au moins dans l'importance que lui accordaient les médias. Étant donné que la nouvelle technologie a fait l'objet d'une large couverture médiatique au Japon et ailleurs, il était prévisible que le « flou » ne serait plus d'actualité vers la fin de 1991.

Selon Nakayashiki, « le boom du flou a profité d'éléments hautement émotifs. Parmi ceux-ci, des attentes excessives ou des malentendus de bonne foi qui considèrent comme magique la technologie floue. Néanmoins, on perçoit dans cette réaction le désir des gens pour la simplicité, la convivialité et l'humanisme dans la technologie »[13].

D'un point de vue plus large, à savoir celui de tous les êtres humains, et pas seulement celui des consommateurs nantis, l'amélioration de la performance des appareils électroménagers, des ascenseurs et des automobiles, qui étaient déjà parmi les plus perfectionnés au monde, apparaît comme une application plutôt frivole de la théorie. Cependant, c'est par ces usages terre-à-terre que les gens ordinaires se sont rendu compte de l'existence et des conséquences pratiques d'une idée mathématique : la notion d'ensemble flou.

LES DONNÉES FLOUES

Les données d'entrée x_0 et y_0 de l'algorithme d'inférence floue sont habituellement des nombres qui mesurent certaines quantités scalaires telles que la température ou le voltage. Dans les applications de contrôle, ces nombres s'obtiennent sans intervention humaine directe, par l'emploi de détecteurs ou de certains autres dispositifs automatiques. Le premier stade de l'algorithme rend floues les données précises x_0 et y_0 par le calcul de leurs degrés d'appartenance aux différents ensembles flous. Dans certains cas, cependant, les données d'entrée sont déjà floues. Cette situation survient quand un expert doit estimer à quel degré, de 0 à 1, se manifeste une caractéristique ou un trait, comme, par exemple, dans l'application de l'inférence floue à un diagnostic médical.

Pour le premier dépistage du cancer de la prostate, les médecins peuvent recourir à un examen rectal et aux images obtenues par des techniques ultrasoniques. Mais l'évaluation clinique des images ultrasoniques, bien qu'établie par un médecin compétent, demeure extrêmement subjective. Afin d'assurer une évaluation plus objective, une équipe de médecins japonais a mis au point un système de diagnostic basé sur la logique floue, lequel peut être exécuté sur un ordinateur personnel[14].

Un examen du rectum par un scanner sert à transmettre des images transversales de la prostate. Le médecin étudie alors certains traits de l'image pour voir si la forme est lisse (le degré d'appartenance $g = 0$), inégale ($g = 1$) ou entre les deux ($0 < g < 1$). La valeur floue est saisie en déplaçant un pointeur le long de l'image télévisuelle d'une ligne représentant l'intervalle $[0, 1]$ et en cliquant sur le point approprié. Fondé sur les règles générales du diagnostic par ultrason dont se servent les urologues, l'algorithme calcule une donnée de sortie numérique. D'après ce nombre, on déclare que le patient est en bonne santé, qu'il souffre du cancer de la prostate ou qu'il est un « cas flou », si le test n'est pas concluant.

Les essais cliniques du système seraient très encourageants. Lorsqu'il a été mis à l'épreuve sur trente patients dont le cancer de la prostate avait été confirmé, le verdict informatique a donné lieu à un seul faux cas négatif et à deux cas dans la zone floue. La quantification du vague et de la subjectivité, qui sont au cœur de l'approche floue, a encore démontré qu'elle est un moyen efficace pour automatiser la prise de décision.

Les sondages d'opinion constituent un autre domaine qui pourrait tirer parti de la flexibilité des données floues. Quand on consulte les gens sur une question particulière — la peine capitale, par exemple — on leur demande généralement de choisir parmi un petit nombre de réponses : fortement pour, plus ou moins pour, fortement contre, et ainsi de suite. Dans le cas extrême des référendums, il n'y a que deux choix possibles : oui ou non. C'est tout ou rien, noir ou blanc, alors qu'en réalité beaucoup de gens se situent quelque part entre les deux extrêmes.

En permettant que la réponse soit un nombre entre 0 (= non) et 1 (= oui), les électeurs indécis peuvent exprimer leur incertitude et leurs hésitations (« oui mais », « plutôt non », etc.). Ces votes divisés seront comptés comme une fraction de l'appui accordé à chacune des options, comme 0,75 oui / 0,25 non. En guise d'exemple de ce qui pourrait arriver, supposons que le résultat d'un référendum classique est de 54 % contre et 46 % pour. Si un tiers de ceux qui ont voté non avaient pu donner une réponse moins catégorique, disons 0,75 oui / 0,25 non (au lieu de 1 oui / 0 non), alors le résultat aurait été inversé, avec le oui l'emportant sur le non par 50,5 % contre 49,5 %. Beaucoup d'autres répartitions de l'incertitude sont évidemment possibles. Par la quantification des degrés de conviction de chaque bulletin, la volonté populaire serait mieux jaugée et la démocratie mieux servie[15].

Le consommateur lui-même serait avantagé si on lui permettait d'exprimer ses préférences par gradation. Consumer's Edge, une société californienne de logiciels, espère offrir des « entrevues approfondies » sur Internet par une longue série de questions et de réponses visant à aider le consommateur dans ses choix. Si vous êtes dans le marché des automobiles, le programme vous informe qu'il y a 746 voitures à votre disposition. Alors on commence par vous demander combien vous voulez débourser, quelle importance vous accordez à l'air conditionné, à la direction assistée, aux freins antiblocage [ABS], etc. Les réponses ne sont pas seulement oui ou non ; vous pouvez exprimer une préférence partielle en glissant un cadran à gauche ou à droite avec votre souris[16].

LE GÉNIE FLOU ET *LIFE*

> Au fur et à mesure que la science et la technologie progressent, nous espérons pouvoir insuffler aux machines quelques-unes des qualités humaines. En plus d'être intelligentes, nous aimerions qu'elles soient amicales, attentionnées, tolérantes, voire sympathiques et compréhensives. Mais qu'adviendrait-il si, les machines commençant à nous ressembler sur certains points, il s'avérait impossible de filtrer le côté sombre de la nature humaine : l'égoïsme, l'intolérance, la méchanceté — la liste est longue.

Au début de 1989, lorsque les applications industrielles et commerciales de la logique floue se répandirent, le gouvernement japonais persuada un vaste consortium de compagnies internationales de créer un nouveau centre de recherche et de développement sur l'informatique floue. Ainsi fut établi en mars 1989 le Laboratory for International Fuzzy Engineering Research (LIFE), société privée bénéficiant d'exonérations fiscales spéciales. Ses quarante-neuf membres provenaient du milieu industriel et des grandes compagnies japonaises (Matsushita, Canon, Hitachi, Mitsubishi, etc.).

On vit dans le succès fulgurant des méthodes floues un prélude à des réalisations encore plus dramatiques. Le nouveau centre devait coordonner les efforts du gouvernement, de l'industrie et des institutions d'enseignement pour répondre à ces attentes — et encaisser les résultats. Situé dans la cité portuaire de Yokohama, sur la rive occidentale de la baie de Tokyo, LIFE devait mettre au point les applications de la théorie du flou à l'ingénierie, depuis la recherche fondamentale jusqu'à la production expérimentale et l'évaluation. Le Laboratoire chercha à promouvoir l'intérêt pour les méthodes floues par des échanges technologiques entre le Japon et certaines compagnies étrangères. Pour remplir sa mission, on lui accorda six ans et un budget de 50 millions de dollars.

Toshiro Terano, qui fut directeur de la recherche au LIFE, appelle *génie flou* la combinaison de la logique floue, qui sert d'outil, et de l'ingénierie des systèmes, qui est une méthodologie pour traiter de façon globale des problèmes complexes. Le génie flou favorise une représentation qualitative des principaux aspects d'un problème ; de cette représentation résulte une stratégie de solution floue semblable au raisonnement humain, qu'on peut ensuite coder comme un algorithme ou sous une autre forme mathématique. « La nécessité du génie flou, de dire Terano, dépend de la mesure où le facteur humain est pris en compte par l'ingénieur qui conçoit un système. »

Cette préoccupation de l'élément humain a persisté pendant toute l'existence de LIFE et a peut-être été voulue par le choix de l'acronyme — attribué à Michio Sugeno, professeur à l'Institut de technologie de Tokyo, à qui revient également l'honneur d'avoir eu l'idée de créer le Laboratoire. La priorité de LIFE était de placer l'être humain au centre d'une société axée sur l'information, mais utilisant la langue de tous les jours. Cette perspective souleva le problème du traitement de l'ambiguïté inhérente au langage naturel, ainsi que la question de la signification et de la subjectivité, voire même le rôle des émotions. Un des postulats de LIFE était que les méthodes floues devaient détenir la clé de la conception des machines intelligentes, ces cerveaux artificiels dont les capacités allaient être semblables, par certains aspects, à celles de l'esprit humain. Pendant que d'autres efforts en vue de constituer des machines intelligentes cherchaient à modéliser les aspects physiologiques du cerveau, le génie flou se concentrait sur ses fonctions psychologiques.

SPÉCULER SUR DES DÉCISIONS FLOUES

LIFE concentra d'abord ses efforts sur trois champs de recherche : les systèmes de décision (ce qui inclut le contrôle flou), la mise au point de robots intelligents et la conception d'un ordinateur flou qui puisse exécuter des opérations floues (telles que les opérations sur les ensembles flous ou l'arithmétique floue) à haute vitesse. Ainsi donc, la recherche s'orientait vers la résolution des problèmes concrets plutôt que vers l'élaboration de théories abstraites.

Parmi les projets du premier champ, les chercheurs de LIFE inventèrent un système de décision pour les opérations de change. La spéculation sur les taux de change est typique d'un problème complexe qui échappe à la modélisation mathématique. En dehors des données standard (taux d'intérêt, balances commerciales, etc.), les fluctuations des taux sont également influencées par des informations non numériques, par exemple les déclarations des autorités financières, les décisions politiques réelles ou appréhendées, les nouvelles internationales. Des facteurs psychologiques, comme l'idée que les courtiers se font du marché, doivent également être pris en considération.

Le système expert flou qui en a résulté a rassemblé les relations complexes de quelque trois cents variables exprimées sous la forme de règles d'inférence floue. Par exemple : « si les taux de la Réserve fédérale américaine sont élevés et que le taux d'escompte officiel est bas, les taux d'intérêt américains à court terme partent à la hausse ». L'expérience des courtiers en devises et autres responsables du marché, les modèles mathématiques des théories économiques et les analyses de nombreux cas sont intervenus dans la formulation de cinq mille règles floues. Des séries d'essais du système ont donné des résultats satisfaisants, si on exclut le temps de calcul comme facteur de performance[17]. Cependant, même si la technologie mise au point n'est pas encore prête pour sa mise en marché, les gens de LIFE croient qu'aucune autre démarche n'aurait abouti à un système de performance comparable.

L'HÉLICO FLOU

Pendant sa deuxième période d'existence, de 1992 à 1995, le Laboratoire concentra ses projets de recherche sur le thème général de l'étude des systèmes conviviaux d'information. Ses efforts portèrent sur deux fronts qui, en quelque sorte, se chevauchaient, à savoir la fabrication de machines intelligentes et le développement de la communication entre l'homme et l'ordinateur.

L'un des robots intelligents mis au point conjointement par le LIFE et l'Institut de technologie de Tokyo prit la forme d'un petit hélicoptère pouvant exécuter des ordres verbaux donnés en langage naturel, comme « planer » ou « voler vers l'avant sur une courte distance ». Le but ultime de ce projet à long terme était de mettre au point un contrôleur de vol automatique capable de traiter l'information qualitative aussi bien que quantitative. Guidé par un tel mécanisme, l'hélicoptère devait posséder une grande autonomie lui permettant d'accomplir des tâches délicates en cas de mauvais temps et dans certaines conditions environnementales trop dangereuses pour le pilote. Comme le robot « comprenait » le langage naturel, il pouvait être dirigé par quelqu'un sans grande expérience — ce qui est un avantage certain par rapport aux modèles standard radio-guidés, dont la manipulation efficace requiert des mois d'entraînement.

Un hélicoptère est un système intrinsèquement instable, et pas seulement dans les airs, car il peut subir le contrechoc de ses propres vibrations lorsqu'il est au sol. Afin de le stabiliser et de le diriger, le pilote doit régler la vitesse et le degré d'inclinaison des pales du rotor en fonction du mode de vol (planer, déplacement vers l'avant, déplacement vers la gauche, etc.). Cela se fait par un emploi habile de manches, de pédales et de leviers. La dynamique de vol d'un hélicoptère est extrêmement difficile à décrire de façon analytique, étant donné l'étroite interrelation (ou *cross-coupling*, dans le jargon technique [anglais]) des différent modes de vol (par exemple, voler vers l'avant peut avoir un effet sur la stabilité latérale). L'approche floue, qui n'exige pas une description mathématique explicite de la dynamique du système, devient alors un choix normal pour la stratégie de contrôle. Après tout, un pilote réussit à faire fonctionner son appareil sans avoir besoin d'un modèle mathématique.

Les règles linguistiques qui forment la base de connaissances du contrôleur flou ont d'abord été formulées à l'aide de manuels de fonctionnement et d'entrevues avec des pilotes expérimentés. « Si l'appareil porte vers la droite, déplacez alors le manche latéral vers la gauche ; s'il porte vers l'avant, déplacez le manche longitudinal vers l'arrière » sont les règles classiques pour planer. Ces règles ont ensuite été testées et raffinées sur un simulateur de vol, et les paramètres numériques ont été réglés à la lumière d'essais en situation réelle. La connaissance des lois de la physique qui régissent le mouvement des structures rigides a également guidé tout le processus de la conception.

Un ensemble de détecteurs montés à bord mesure les angles, les vitesses, les accélérations et les autres variables pertinentes. Sur la base de ces données, le contrôleur flou exécute les actions du pilote, en réponse aux ordres vocaux. « Le » contrôleur est en fait une combinaison de plusieurs contrôleurs flous organisés de façon hiérarchique. Par exemple, l'un de ces contrôleurs règle l'angle d'inclinaison par rapport à la bonne direction, ce qu'un pilote peut faire en pesant sur une pédale. Dans le fonctionnement automatique, les données d'entrée sont l'erreur — la différence entre la lecture du détecteur et l'angle juste — et le taux de changement de cette erreur. La pédale est alors réglée par le contrôleur flou en fonction des données de sortie d'une inférence floue qui comporte neuf règles linguistiques. Par exemple, l'une d'entre elles est : « si l'erreur est zéro et le taux de changement est positif, alors la pédale est négative moyenne ». D'autres ensembles de règles contrôlent l'altitude, l'angle de roulis, la vitesse, et ainsi de suite. Un directeur de vol flou combine les données de sortie des différentes inférences floues et contribue à adoucir les transitions entre les modes de vol.

Le petit hélicoptère — 3,5 m de long avec une charge utile de seulement 20 kg — en est encore au stade expérimental. Plusieurs modes de vol (planer, marche avant, en cercle, arrêt) ont déjà été testés, tandis que des modes supplémentaires, tels que le décollage et l'atterrissage, attendent encore de l'être. Mais, en fin de compte, la véritable signification de projets comme ceux-ci ne consiste pas nécessairement en leur réalisation pratique. Ils servent plutôt de prototypes de systèmes complexes sur lesquels on peut explorer les possibilités — et les limites — des techniques floues. Comme le disent eux-mêmes les auteurs dans la conclusion d'un de leurs rapports, « ce que nous avons appris jusqu'à présent, c'est qu'un contrôleur flou hiérarchique peut contrôler avec succès un système fortement couplé avec seulement de l'information qualitative et sans avoir besoin d'une expression mathématique explicite du modèle »[18].

APRÈS LE *LIFE*

Au début de 1995, LIFE, tel que prévu, cessa d'exister. Son principal héritage est peut-être d'avoir démontré le potentiel de l'approche floue dans la création de systèmes à haut niveau d'intelligence. Fondées sur les méthodes et les idées élaborées durant les six courtes années d'existence du Laboratoire, beaucoup de conceptions audacieuses pourraient devenir réalité dans un proche avenir. En voici quelques-unes: des fauteuils roulants intelligents, des systèmes vocaux de navigation pour guider les aveugles et autres appareils intelligents destinés aux handicapés; la production d'images faisant appel au langage naturel pour aider le processus de création dans le design, les dessins par ordinateur et la réalité virtuelle; des logiciels pouvant automatiquement résumer le contenu d'articles ou de rapports, en dégageant de ceux-ci certains éléments clés; des robots qui soient capables d'agir sur de simples instructions en inférant les intentions de l'utilisateur[19].

L'expérience de Toshiro Terano, qui, vingt ans durant, a constaté le succès des méthodes floues dans la résolution des problèmes concrets, l'a convaincu de leur utilité. Mais il admet qu'une reconnaissance plus large n'est pas encore acquise. « Les tentatives, dans l'ingénierie floue, pour introduire le flou et en faire un usage intensif n'ont jamais été acceptées par la communauté scientifique », dit-il. Peu importe ! Sa foi dans le pouvoir des techniques floues demeure aussi forte que jamais. À l'avenir, il s'attend à ce que les ordinateurs puissent aider les êtres humains en leur fournissant de l'information qui soit non seulement correcte mais également signifiante ; de l'information qui stimule l'esprit et accroisse la connaissance et la créativité. Cela s'accomplira par un dialogue entre l'utilisateur et la machine dans la langue de tous les jours, comme cela se fait naturellement entre les êtres humains. Et l'ancien directeur de recherche de LIFE croit que l'ingénierie floue a un rôle déterminant à jouer dans la réalisation d'un but aussi ambitieux. LIFE est mort, vive l'ingénierie floue !

UNE PERSPECTIVE PERSONNELLE

Au printemps de 1996, s'adressant à des experts dans une rencontre au campus de Berkeley de l'Université de Californie, Lotfi Zadeh réfléchissait sur l'évolution de la logique floue dans l'optique de sa position personnelle. Dès 1962, trois ans avant la publication de son article décisif sur les ensembles flous, il attira l'attention sur le besoin d'introduire un type de mathématiques radicalement différent: « les mathématiques des quantités floues ou nébuleuses ». Ces nouvelles mathématiques devaient servir à l'étude de ce qu'il appela les systèmes animés, en particulier les situations où interviennent le langage humain, les décisions et le raisonnement. Quelque trente ans plus tard, il se réjouissait du progrès accompli, mais reconnaissait qu'on ne fait « tout simplement que gratter la surface ». Et d'ajouter : « En nous limitant aux techniques classiques, nous ne pouvons combler l'écart. Nous pouvons aujourd'hui faire plus grâce à la logique floue, aux réseaux de neurones, aux algorithmes génétiques, etc., mais nous avons besoin de faire beaucoup plus. »

Zadeh donne l'exemple d'un problème pratique que l'on ne pourrait pas résoudre à l'aide des seules techniques classiques : celui des appels téléphoniques frauduleux. Un individu malhonnête téléphone en utilisant le mot de passe d'un client *C*, qui reçoit par la suite la facture. Comment la compagnie de téléphone, en consultant le dossier du client *C*, peut-elle savoir que l'appel est « anormal » ? Zadeh a prédit que seul un système neuro-flou sera en mesure de résoudre ce problème, car l'« anormalité » est elle-même un concept flou.

Il y a beaucoup d'expériences en cours sur les différentes sortes de systèmes « hybrides », qui combinent les avantages de deux ou de plusieurs techniques souples. Le mariage de la logique floue et des réseaux de neurones, ou neuro-flou, constitue une des unions les plus populaires. Par exemple, on peut utiliser des réseaux de neurones pour « apprendre » les fonctions d'appartenance floues qui aboutissent au meilleur rendement du système. Mais ici nous allons trop vite. Les réseaux de neurones seront présentés dans la troisième partie. Pour l'instant, nous allons d'abord jeter un coup d'œil sur les limites des ordinateurs numériques.

Notes

1. J. P. Aurrand-Lions, L. Fournier, P. Jarri, M. de Saint-Blancard et E. Sanchez, « Application of Fuzzy Control for ISIS Vehicle Braking », dans R. Lowen et M. Roubens (éds.), *Proceedings of the Fourth World Congress of the International Fuzzy Systems Association IFSA '91*, Engineering Volume, Bruxelles, 1991, pp. 9-12.

2. A. Bastian, « Fuzzy Logic in Automatic Transmission Control », dans *Vehicle Systems Dynamics*, 24 (L955), pp. 389-400.

3. E. H. Mamdani et S. Assilian, « An Experiment in Linguistic Synthesis with a Fuzzy Logic Controller », dans *International Journal of Man-Machine Studies*, 7 (1975), pp. 1-13.

4. D. A. Watermann, « Generalisation Learning Techniques for Automating the Learning of Heuristics », dans *Artificial Intelligence*, vol. 1 (1970), pp. 121-170.

5. E. H. Mamdani, « Process Control Using Fuzzy Logic », dans P. P. Wang et S. K. Chang (éds.), *Fuzzy Sets: Theory and Applications to Policy Analysis and Information Systems*, New York et Londres, Plenum Press (1980), pp. 240-265.

6. S. Yasunobu, S. Miyamoto et H. ihara, « Fuzzy Control for Automatic Train Operation System », *IFAC Control in Transportation Systems*, Baden-Baden, 1983, pp. 33-39.

7. T. Yamakawa, « Stabilization of an Inverted Pendulum by a High-Speed Fuzzy Logic Controller Hardware System », dans *Fuzzy Sets and Systems*, 32 (1989), pp. 161-180.

8. R. Thom, « La magie contemporaine », dans Y. Johannisse (éd.), *La magie contemporaine — l'échec du savoir moderne*, Montréal, Québec-Amérique, 1994.

9. S. Yasunobo et S. Miyamoto, « Automatic Train Operation by Predictive Fuzzy Control », dans M. Sugeno (éd.), *Industrial Applications of Fuzzy Control*, Amsterdam, North-Holland, 1985, pp. 1-18.

10. R. Tanscheit et E. M. Scharf, « Experiments with the Use of a Rule-Based Self-Organising Controller for Robotic Applications », dans *Fuzzy Sets and Systems*, 26 (1988), pp. 195-214.

11. T. Tomotaka, « Tracking Control for VCR s », dans R. Lowen et M. Roubens (éds.), *Proceedings of the Fourth World Congress of the International Fuzzy Systems Association IFSA '91*, Engineering Volume, Bruxelles, 1991, pp. 227-230.

12. M. Nakayashiki, « On Fuzzy », dans *LIFE Technical News*, vol. 4, n°1 (1993), Laboratory for International Fuzzy Engineering Research, Yokohama, p. 13.

13. *Ibidem.*

14. T. Fujioka, S. Arita, T. Saito *et al.*, « Transrectal Ultrasonography of Prostatic Cancer : Application of a New Diagnostic Item and Fuzzy Inference », dans *Japanese Journal of Medical Ultrasonics*, 17 (suppl.) (1990), pp. 165-166.

15. A. Sangalli, « Vote, Vote, Vote for Fuzzy Logic », dans *New Scientist*, vol. 144, n°1951 (1994).

16. « The Web's Middleman », dans *Time Magazine* (17 février 1997), p. 51.

17. A. Ralescu (éd.), *Applied Research in Fuzzy Technology*, Kluwer Academic Publishers, 1994.

18. M. Sugeno, M. F. Griffin et A. Bastian, « Fuzzy Hierarchical Control of An Unmanned Helicopter », dans *Proceedings of the Fifth World Congress of the International Fuzzy Systems Association (IFSA)*, Séoul, 1993, pp. 179-182.

19. T. Terano, « Fuzzy Engineering — Its Progress at LIFE and Future Prospects », IEEE/IFES '95 Conference, Yokohama, 1995.

Deuxième partie

LES LIMITES

chapitre 3

LES LIMITES DU CALCUL CLASSIQUE

UN VIEUX RÊVE DEVIENT RÉALITÉ

En 1936, le mathématicien britannique Alan Turing et le logicien américain Alonzo Church proposèrent, indépendamment l'un de l'autre, et presque simultanément, la définition mathématique de ce que l'on entend aujourd'hui par fonction numérique calculable. Bien que différentes dans leurs formes, ces deux définitions s'avérèrent identiques dans leur signification, exprimant un concept fondamental qui était dans l'air du temps. La percée de Turing et de Church ouvrit la voie à l'étude rigoureuse de la calculabilité, théorie qui est encore très vivante de nos jours.

L'idée de construire une machine pour exécuter des opérations arithmétiques s'est présentée à l'esprit de nombreux scientifiques, ingénieurs et philosophes en des époques et des lieux différents au cours de l'histoire de l'humanité. Il semble que le premier à avoir mis cette idée en pratique fut l'astronome allemand Wilhem Schickard. Contemporain de Kepler, celui-ci construisit en 1623 ce qu'il appela « une pendule à calculer », capable d'effectuer des additions, des soustractions, des multiplications et des divisions par des moyens entièrement mécaniques. Mais l'invention de Schickard fut de courte durée : un an plus tard, un incendie la détruisit. Dans son *Histoire universelle des chiffres*, Georges Ifrah[1] a émis l'hypothèse que l'incendie n'aurait pas été le résultat d'un accident, mais aurait été un geste délibéré pour empêcher la machine de calculer — faculté qui était alors considérée par les pouvoirs obscurantistes comme une prérogative exclusive de l'esprit humain. Peu de temps après, en 1642, Blaise Pascal, alors qu'il n'avait que dix-neuf ans, construisit une machine à additionner — la pascaline — pour aider son père dans sa comptabilité. Les automates à engrenages comme celui du savant français avaient pour objet principal de libérer l'astronome, le comptable ou l'ingénieur de la tâche fastidieuse (et toujours sujette à l'erreur) de faire à la main d'interminables manipulations numériques. Au cours des années, ces machines allaient aussi permettre aux gens ordinaires de pratiquer l'art de l'arithmétique sans avoir besoin d'apprendre des règles de calcul compliquées.

Beaucoup d'autres essais pour réaliser le rêve du calcul mécanique suivirent. Mais le titre de père du calcul artificiel revient au mathématicien anglais Charles Babbage qui, au début du XIXe siècle, conçut les principes théoriques et pratiques d'un mécanisme de calcul automatique, véritable précurseur des ordinateurs d'aujourd'hui. (Il passa ensuite les cinquante dernières années de sa vie à essayer, mais sans succès, d'en construire un.)

Si les créations ingénieuses de Babbage ne furent jamais viables, d'aucuns en attribuent la cause aux limites techniques de l'ingénierie mécanique de l'ère victorienne, et tout particulièrement à un manque d'outillage suffisamment précis pour fabriquer les composantes de ses « engins » (comme il les appelait). L'Engin Différentiel de Babbage, par exemple, aurait pesé plusieurs tonnes, et ses quelque vingt-cinq mille pièces, une fois assemblées en un système précis d'engrenages, de crémaillères, de cames et de leviers, auraient fait 2,4 m de haut, 2,1 m de long et 1 m de large. À l'origine, le but de la machine, qui fut l'ancêtre de son Engin Analytique plus perfectionné, était de calculer les tables de navigation et d'autres tables arithmétiques. Ces machines étaient de plus en plus demandées par les ingénieurs, les banquiers et les marchands dans le monde en développement rapide du commerce et de l'industrie. En fait, si l'automatisation des calculs motiva Babbage, ce fut moins pour l'amélioration du procédé que pour sa garantie de précision. Sa machine était censée fournir un moule dans lequel les plaques des clichés des tables de calcul pouvaient être coulées en vue de prévenir les erreurs d'imprimerie si fréquentes dans les tables composées manuellement. Moins de vingt ans après la Révolution française, l'idée de la composition automatique était née.

Avec le temps, d'un prototype inachevé à l'autre, Babbage combina dans ses inventions les principales idées à partir desquelles sont construits les ordinateurs numériques modernes, notamment les cinq unités de base: (*a*) la mémoire où sont stockées les données, les instructions et les calculs intermédiaires; (*b*) le processeur (ou moulin) « dans lequel, selon ses propres mots, les quantités sur lesquelles se font les opérations sont toujours acheminées »; (*c*) une unité qui contrôle l'opération d'ensemble (par le moyen d'un système de métier à tisser du type Jacquard); (*d*) l'entrée (par des cartes perforées); et (*e*) la sortie, qui automatiquement imprime les résultats. Ces principes fondamentaux furent oubliés par la suite, pour être redécouverts au milieu du XXe siècle. En janvier 1943, soit plus de cent ans après que Babbage ait, le premier, imaginé un appareil à calculer automatique et multifonctionnel, une vraie machine présentant les mêmes caractéristiques fut finalement réalisée. Conçue par Howard Aiken, professeur de physique à l'Université Harvard, et construite avec l'aide des ingénieurs de IBM, cette machine, le Harvard Mark I, fonctionnait sur les principes inspirés de ceux de l'Engin Analytique de Babbage.

« Charles Babbage a toujours adopté une approche mathématique pour chacun des nombreux problèmes auxquels il s'attaquait », écrit J. M. Dubbey dans *The Mathematical Works of Charles Babbage.* Et d'ajouter: « Il a toujours essayé de formuler un problème de façon aussi mathématique que possible, aussi bien pour discuter des miracles que de la fabrication des aiguilles, des services postaux, de la géologie, de l'économie, de la politique, ou de sa vie privée. »

À la fois visionnaire et génie pratique, Babbage a prédit l'extraordinaire succès des machines à calculer — celles des autres, à défaut des siennes propres. « Si je vis encore quelques années, écrivait-il sept ans avant sa mort en 1871, l'Engin Analytique naîtra et ses avantages se répandront plus tard partout dans le monde. »

LES MACHINES PEUVENT-ELLES TOUT CALCULER ?

Les ordinateurs peuvent faire des choses étonnantes, mais d'un point de vue mathématique nous ne nous intéressons qu'aux fonctions qu'ils calculent. Par une fonction f, nous entendons le fait d'associer à chaque nombre n un seul nombre $f(n)$ — appelé la valeur de f en n — précisée en règle générale par une formule algébrique (pour plus de simplicité, tous nos nombres seront des nombres naturels). Par exemple, $f(n) = n^2 + n + 41$ définit une fonction qui apparie 1 et 43 ($=1^2+1+41$), 2 et 47 ($=2^2+2+41$), et ainsi de suite. (En fait, les trente-neuf premières valeurs de cette fonction sont des nombres premiers, mais ceci n'a rien à voir.)

Nous pouvons aussi définir une fonction en utilisant des mots et convenir par exemple que $p(n)$ est le nombre de nombres premiers inférieurs ou égaux à n. Nous avons alors $p(7)=4$ — comme on peut facilement le constater — et $p(4\times10^{16})=1\,075\,292\,778\,753\,150$ — tel qu'on peut moins aisément le vérifier. Le calcul de $f(n)$ et $p(n)$ peut facilement se faire sur un ordinateur, et puisque ces machines furent inventées en vue d'aider les scientifiques dans leur traitement des nombres, il n'est pas surprenant qu'elles puissent aussi calculer des fonctions beaucoup plus complexes. Mais peuvent-elles calculer n'importe quelle fonction ? Cette question n'est pas seulement théorique, car la capacité des ordinateurs à résoudre des problèmes dépend de la classe des fonctions qu'ils peuvent effectivement calculer.

C'est Alan Turing qui a répondu à la question soulevée ci-dessus en 1936, presque 10 ans avant la naissance du premier ordinateur — le Electronic Integrator and Calculator (ENIAC) — à la Moore School of Engineering de Philadelphie. À l'époque, Turing ne s'occupait pas des appareils pratiques tels que les machines à calculer, bien qu'il ait travaillé après la guerre à la mise au point d'un ordinateur électronique. Son article sur les « nombres calculables »[2] se voulait une solution au problème mathématique qu'avait posé l'un des plus célèbres mathématiciens du siècle. Mais l'article de Turing montrait en même temps qu'il y a des limites au calcul automatique, à savoir une sorte de « loi naturelle » à laquelle ne peuvent échapper les ordinateurs numériques, même les plus puissants.

Chaque fois que nous résolvons un problème sur un ordinateur, la machine transforme en solution les données du problème par l'exécution d'un ensemble d'instructions, c'est-à-dire d'un programme. En dernière analyse, les données et la solution sont constituées de chaînes de 0 et de 1 que nous pouvons interpréter comme étant l'encodage de nombres naturels — qui peuvent être très grands. Ainsi, d'un point de vue conceptuel, les programmes d'ordinateurs sont des recettes pour calculer des fonctions, puisque leur exécution transforme les nombres naturels (données d'entrée) en d'autres nombres naturels (données de sortie). C'est en ce sens que la classe des problèmes que les ordinateurs peuvent résoudre dépend en fin de compte de la nature des fonctions qu'ils peuvent calculer.

TURING ET SES MACHINES

> Imaginons que les opérations accomplies par un ordinateur soient divisées en des « opérations simples » qui sont tellement élémentaires qu'il n'est pas facile d'imaginer qu'elles puissent être simplifiées davantage.
>
> (ALAN TURING *analysant la manière dont un ordinateur humain effectue un calcul*)[3]

Durant l'été 1935, Alan Turing, alors jeune diplômé de Cambridge, se mit à réfléchir sur une question concernant les fondements des mathématiques qu'avait soulevée, quelques années auparavant, l'éminent mathématicien allemand David Hilbert. Y a-t-il un test ou un processus mécanique qui, appliqué à un énoncé mathématique arbitraire, permet de découvrir si l'énoncé est vrai ou faux ? Celui qui essaie de répondre à cette question doit d'abord élucider la notion vague mais fondamentale de « processus mécanique ». Cela amena Turing à se demander quel était le genre de « machine » capable de traiter les symboles utilisés par quelqu'un en n'ayant pour calculer qu'un crayon et un papier, mais sans posséder les facultés spécifiquement humaines comme l'intelligence, l'intuition et l'imagination, et sans les non moins humaines faiblesses que sont la fatigue, la faim ou l'ennui.

Calculer se fait normalement en écrivant certains symboles sur une feuille de papier, disait Turing[4]. « Supposons que cette feuille soit divisée en carrés comme dans un cahier d'arithmétique pour enfants. En arithmétique élémentaire, on utlise parfois le caractère bidimensionnel de la feuille, mais ce n'est pas essentiel au calcul. Dès lors, je présume que le calcul est exécuté sur une feuille unidimensionnelle, plus précisément sur un ruban divisé en carrés. Je suppose aussi que le nombre de symboles qui peuvent être imprimés est fini. »

Turing avait à l'esprit un dispositif idéal pour manipuler certains symboles (les reconnaître, les noter, les effacer, etc.), dont le fonctionnement était automatique, c'est-à-dire complètement déterminé à l'avance. Quelques mois plus tard, il suggéra l'idée d'un modèle théorique simple d'ordinateur, qu'on appelle aujourd'hui la machine de Turing. Il avait aussi trouvé la réponse à la question de Hilbert (mais cela fait partie d'une autre histoire, sur laquelle nous reviendrons plus tard).

Contrairement aux ordinateurs réels, les machines idéales de Turing peuvent fonctionner sans être entravées par des limites de temps ou

FIGURE 2.1

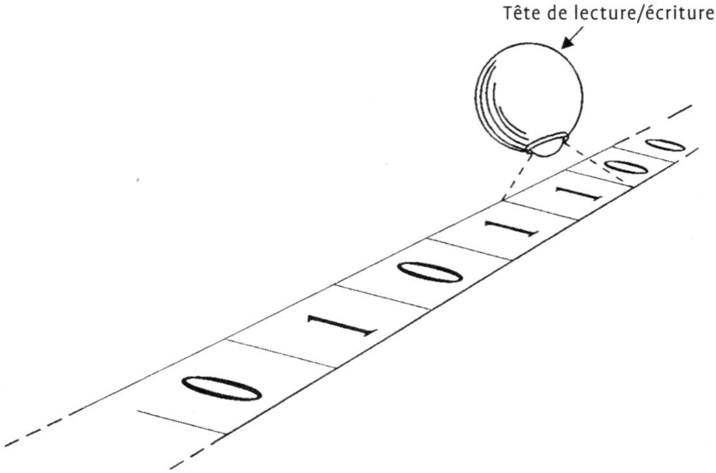

FIGURE 2. 1. Représentation rudimentaire d'une machine de Turing.

d'espace de mémoire. Elles fournissent un test standard (et précis) à la notion intuitive de « calculabilité » : une fonction *f* sera appelée calculable si chacune de ses valeurs *f*(*n*) peut être produite par les opérations « mécaniques » d'une machine de Turing.

Nous pouvons imaginer une machine de Turing composée d'une tête de lecture/d'écriture et d'un ruban bidimensionnel qu'elle utilise comme bloc-notes (figure 2.1). Le ruban s'étend indéfiniment dans les deux directions et se divise en cellules qui peuvent contenir un des deux symboles 0 ou 1 (il serait commode de penser 0 comme représentant une cellule vierge ou vide). À n'importe quel stade du calcul, la tête scrute l'une des cellules et n'est en mesure d'accomplir qu'une des quatre choses suivantes : écrire un 1 (ou un 0) sur la cellule (effaçant ainsi le contenu précédent de la cellule) ; se déplacer vers la cellule suivante à droite ; ou se déplacer vers la cellule suivante à gauche. Celle de ces actions qui aura lieu va dépendre du « programme » de la machine — à savoir l'ensemble des instructions dont la machine de Turing est pourvue. Ces instructions doivent être écrites dans un format standard. Ce qui suit en est un exemple :

#788 : « *Si le symbole repéré est 1, alors déplacez (une cellule) vers la gauche et ensuite exécutez l'instruction #559.* »

On peut coder succinctement la consigne ci-dessus sous (# 788, 1, L, # 559). Plus généralement, le format d'une instruction codée est:

(n° de l'instruction, symbole [repéré], action, n° de l'instruction [suivante])

Un programme pour une machine de Turing est n'importe quel ensemble d'instructions codées de cette manière (l'ordre dans lequel les instructions sont listées n'étant pas pris en considération). Comme exemple simple, supposons que le programme est constitué des cinq instructions suivantes:

(# 1, 1, R, # 2)
(# 2, 0, 1, # 2)
(# 2, 1, L, # 3)
(# 3, 0, 1, # 1)
(# 1, 0, 1, # 3)

Lorsque la machine est mise en marche, il y a une certaine chaîne binaire (les données) écrite sur le ruban, la tête scrutant une des cellules. Supposons que la tête soit en train de lire un 1, tandis que le reste du ruban est vierge. Dès lors, on obtient la séquence d'opérations suivante. La première instruction à exécuter est l'instruction # 1. Il est à remarquer qu'il y a deux instructions # 1, mais une seule d'entre elles correspond au cas où le symbole repéré est 1. Ainsi cette instruction—(# 1, 1, R, # 2)—est exécutée en faisant en sorte que la tête se déplace d'une cellule vers la droite, puis « aille au # 2 », c'est-à-dire exécute (# 2, 0, 1, # 2), puisque le symbole qui est maintenant en train de lire est 0. L'exécution de cette instruction fait que 0 est remplacé par 1 et puis—encore—« va au # 2 ». L'instruction correspondant à la présente situation est maintenant (# 2, 1, L, # 3), de telle sorte que la tête se déplace en direction de la cellule suivante vers la gauche (qui contient le 1 de départ) et ensuite cherche l'instruction # 3. Mais aucune instruction ne commence par (# 3, 1,...) ; donc, le calcul s'arrête.

Bien entendu, toute cette activité n'a lieu que de façon figurative. Tout le processus aurait pu être formulé en langage mathématique, mais il est plus facile de le concevoir comme une machine exécutant des instructions. Le ruban de sortie contient maintenant deux 1 consécutifs—le reste étant demeuré vierge. Différentes configurations du ruban d'entrée au début du calcul vont généralement entraîner différents rubans de sortie. Par exemple, si le ruban initial avait été totalement vierge, la tête aurait écrit un seul 1 et se serait alors arrêtée.

En cours de calcul, la machine de Turing a une quantité illimitée de cellules pour lire, écrire et stocker l'information. Les ordinateurs numériques, d'autre part, n'ont qu'un nombre fixe de *bits* de mémoire. Et tandis que les ordinateurs réels doivent livrer des données de sortie en un délai raisonnable, une machine de Turing n'a pas une telle limite de temps pour donner sa réponse. Il est à noter, cependant, que cette réponse — si réponse il y a — arrivera après un intervalle de temps fini (T unités de temps, si l'unité est choisie comme le temps requis pour exécuter une instruction), intervalle pendant lequel la tête aura lu (ou écrit sur) un nombre fini (N) de cellules. T et N peuvent être des nombres arbitrairement grands, mais non l'infini. Même si des machines idéales comme celles de Turing ne pourront jamais être construites, leur étude est importante parce qu'elles fournissent une limite supérieure à la puissance de calcul des ordinateurs réels.

LES FONCTIONS CALCULABLES

L'exemple élémentaire que nous venons de présenter n'est pas très révélateur de ce que les machines de Turing sont capables d'accomplir. Par comparaison avec les ordinateurs d'aujourd'hui, les machines de Turing peuvent paraître primitives, à tel point que le plus modeste PC semble considérablement plus puissant. Toutefois, comme nous le verrons bientôt, il y a beaucoup plus de choses dans ces machines que ce qui peut apparaître à première vue. En particulier, elles sont étonnamment efficaces pour calculer des fonctions. Les paragraphes qui suivent vont expliquer de quelle manière elles y parviennent.

Supposons que, chaque fois que nous démarrons une certaine machine de Turing avec un nombre n écrit (dans un quelconque format standard) sur son ruban, la machine finisse par s'arrêter, et que, quand cela arrive, le ruban contient le nombre $f(n)$ (encodé dans le format standard). Dans ce cas, nous disons que ladite machine de Turing calcule la fonction $f(n)$. Par exemple, si une machine de Turing prend comme données d'entrée un bloc de n 1 consécutifs et le double — ce qui fait que la bande de sortie contient un bloc de $2n$ 1 consécutifs, — nous dirons que la machine calcule la fonction $f(n) = 2n$. Toute fonction qui peut être calculée par une machine de Turing sera considérée comme calculable. Cette définition est tellement importante qu'il vaut la peine de l'énoncer :

Une fonction de nombres naturels est dite calculable si elle peut être calculée par une machine de Turing.

Afin que cette définition soit totalement non équivoque, nous devons préciser certaines choses : comment encoder les données d'entrée sur la bande ? quelle cellule la tête doit-elle scruter lorsque débute le calcul ? et ainsi de suite. Il y a plusieurs moyens de faire tout ceci, mais le choix concret d'un protocole de calcul est sans importance, parce qu'il s'avère que ce sont exactement les mêmes fonctions qui sont calculables, quelles que soient les conventions (raisonnables) adoptées. Ce qui importe, c'est de se rendre compte que, dès qu'un protocole particulier est choisi, chaque machine de Turing calcule une fonction unique.

Il se peut que, pour certaines données d'entrée, une machine de Turing ne puisse jamais terminer son calcul, et que, même si elle le faisait, il y ait une chaîne de symboles dénuée de sens écrite sur son ruban final. Dans l'un et l'autre cas, nous dirons que la fonction calculée par la machine n'est pas définie pour ces données d'entrée. Pour cette raison, les fonctions calculées par les machines de Turing sont, en général, des fonctions partielles — des fonctions f qui n'attribuent aucune valeur $f(n)$ à certains nombres n.

On peut prétendre, comme Turing lui-même l'a fait, que la notion de machine de Turing renferme les caractéristiques essentielles correspondant à notre idée intuitive de « processus mécanique » ou d'« algorithme ». Si nous acceptons ce fait, alors pour montrer qu'une fonction f est calculable, il suffit de décrire une manière de calculer $f(n)$ qui est « mécanique » dans un sens intuitif -puisqu'une telle méthode pourrait alors être codée comme un ensemble d'instructions pour une machine de Turing. Voici un exemple. Dans tout cercle, le rapport de la circonférence au diamètre est le fameux nombre π (= pi = 3,14159...). Soit $f(n)$ la $n$ième décimale de π, à savoir $f(1) = 1$, $f(2) = 4$, $f(5) = 9$, et ainsi de suite. Or π est un nombre irrationnel, ce qui veut dire que ses décimales ne suivent aucun modèle prévisible. Il y a, cependant, plusieurs algorithmes qui calculent systématiquement les décimales de π l'une après l'autre. Dès lors, pour calculer, disons $f(1\,000\,000)$, nous pouvons faire marcher l'un des ces algorithmes jusqu'à ce qu'il imprime la millionième décimale. Puisqu'une telle méthode calcule « mécaniquement » $f(n)$ pour un n arbitraire, f est calculable.

Considérons maintenant une autre fonction, g, qui est une fonction partielle parce qu'elle n'est définie que pour n allant de 1 à 9. Par définition, $g(n) = 1$, s'il y a un bloc de n chiffres consécutifs « n » dans la partie décimale de π ; par contre, s'il n'existe aucun bloc semblable, alors $g(n) = 0$. Par exemple, il est évident que $g(1) = 1$ — il y a un « 1 » (en fait, la première décimale) ; $g(2)$ est soit 1 ou 0 ; c'est 1 si quelque part dans la partie décimale de π il y a un bloc de deux « 2 » consécutifs, c'est-à-dire, si $\pi = 3{,}14159...22...$ Mais s'il n'existe pas de bloc « 22 », alors $g(2) = 0$.

La fonction g est-elle oui ou non calculable ? Nous pouvons essayer de la calculer en faisant tourner l'algorithme qui calcule f, mais il y a un problème. Pour calculer, disons, $g(4)$, nous devons découvrir si oui ou non le bloc « 4444 » apparaît dans la partie décimale de π. Si un tel bloc existe, nous finirons par l'apprendre, car l'algorithme l'imprimera tôt ou tard ; mais si aucun bloc « 4444 » n'existe, l'algorithme le cherchera en vain et le calcul de $g(4)$ ne s'achèvera jamais. Par conséquent, nous ne pouvons pas garantir à priori que notre méthode calculera $g(n)$ pour chaque n dans un délai fini ; nous sommes donc incapables de régler la question de la calculabilité de g par l'approche ci-dessus. Et pourtant g est calculable ; mais nous mettons le lecteur au défi de le prouver. Quant au lecteur impatient... il ou elle peut se rendre immédiatement à la section « Solution de l' énigme ».

LES FONCTIONS NON CALCULABLES

Toutes les fonctions définies par une formule explicite impliquant les opérations d'addition, de multiplication et d'élévation à une puissance sont calculables, par exemple $f(n) = n^3 + 4n^2 + 1$ et $g(n) = (n + 10)^n$. (Il y a des problèmes techniques avec la soustraction et la division, puisque nous nous limitons aux nombres naturels, mais ces problèmes peuvent être surmontés.) Les fonctions spécifiées par des procédés de récurrence, lesquels utilisent des valeurs précédemment calculées pour établir les nouvelles valeurs $f(n)$, s'avèrent également calculables. Un exemple célèbre est la séquence 1, 1, 2, 3, 5, 8, 13,... que Leonardo Fibonacci, mathématicien italien du XIIIe siècle, a introduite en étudiant la façon dont les lapins se reproduisent. La séquence de Fibonacci commence par deux 1 consécutifs, chaque entrée successive étant la somme des deux précédentes. En symboles :

$$f(1) = 1 ; f(2) = 1 \text{ et } f(n) = f(n\text{-}1) + f(n\text{-}2), \text{ pour } n \geq 3$$

Ainsi, $f(3) = f(2) + f(1) = 2$; $f(4) = f(3) + f(2) = 3$, et ainsi de suite.

En fait, toute fonction qu'un non-mathématicien peut rencontrer au cours de sa vie est assurément calculable. Mais *toutes* les fonctions sont-elles calculables ? L'expression *fonction calculable* est-elle un pléonasme ? Un simple argument montrera que la réponse à ces questions est négative.

Rappelons-nous que chaque machine de Turing est accompagnée de son propre programme, autrement dit elle est conçue de façon à obéir à un certain ensemble d'instructions. Si nous voulons exécuter un autre programme, il nous faudra une autre machine (ceci n'est rien de plus qu'une convention et ne constitue certainement pas un gaspillage de « machines »). Une conséquence de cette convention est que chaque machine de Turing calcule une seule fonction. Mais est-ce que chaque fonction est calculée par une quelconque machine de Turing ?

Bien qu'il y ait un nombre infini de machines de Turing, nous pouvons toutes les ranger dans une liste (virtuelle). Par exemple, puisqu'une machine de Turing est totalement caractérisée par une chaîne finie de symboles — son programme -, nous pouvons (tout au moins en principe) énumérer toutes les machines de Turing en inventoriant systématiquement tous les programmes possibles P_1, P_2, P_3,... dans une sorte d'ordre alphabétique. (Si A est un ensemble fini de symboles, disons $A = \{a, b, c\}$, alors les chaînes finies de symboles de A peuvent être disposées « alphabétiquement » sur une liste infinie : *a*, *b*, *c*, *aa*, *ab*, *ac*, *ba*, *bb*, *bc*, *ca*, *cb*, *cc*, *aaa*, *aab*,... etc.)

D'autre part, les fonctions des nombres naturels ne peuvent pas être toutes inscrites sur une liste, même pas en principe. Un ingénieux argument mathématique peut prouver cette impossibilité. L'essentiel de cet argument se présente comme suit : vous me donnez une liste de fonctions, et je vous montre une fonction qui ne figure pas sur votre liste ; donc votre liste est incomplète (pour le développement de cet argument, voir l'appendice 2). Le résultat est qu'il y a plus de fonctions que de machines de Turing pour calculer celles-ci. Bref, il existe des fonctions non calculables.

Que nous ayons eu recours à une preuve indirecte pour établir l'existence de fonctions non calculables a peut-être laissé le lecteur perplexe. N'aurait-il pas été plus facile — et certainement plus éclairant — de montrer une telle fonction ? Le problème est qu'il n'est facile ni de définir ni de découvrir des fonctions non calculables. Et même s'il nous arrivait d'en trouver une, il pourrait être difficile de prouver que la fonction n'est pas calculable, aussi difficile que de prouver que certains problèmes n'ont pas de solution. En fait, les deux questions sont étroitement liées.

Un problème insoluble

Puisqu'il existe des fonctions non calculables, nous devons nous attendre à ce que les machines de Turing soient incapables de résoudre certains problèmes. Il est bien entendu possible que tous ces problèmes insolubles soient tout simplement des curiosités théoriques, dépourvues du moindre intérêt pratique. En réalité, l'une des questions auxquelles les machines de Turing ne peuvent répondre est d'ordre très pratique, étant donné qu'elle concerne la vérification automatique d'un logiciel. Il s'agit de décider si l'exécution d'un programme d'ordinateur arbitraire doit finalement s'arrêter ou s'il est condamné à toujours tourner.

Comme nous l'avons déjà indiqué, certaines machines de Turing peuvent ne jamais s'arrêter de tourner. Pour prendre un exemple banal, considérons la machine de Turing dont la seule instruction est (# 1, 0, R, # 1). Si le ruban initial est vierge, la machine continuera d'obéir indéfiniment à sa seule instruction, déplaçant perpétuellement sa tête vers la prochaine cellule sur la droite le long de son ruban infini (quelqu'un a appelé cette machine la « touring machine »). Imaginons maintenant une machine de Turing arbitraire contrôlée par des milliers d'instructions. Sera-t-il possible de prédire si oui ou non ses calculs s'arrêteront jamais ? Ce casse-tête s'appelle le problème de l'arrêt. Il consiste à trouver le moyen de répondre (correctement) par oui ou par non à la question suivante : si une machine de Turing *T* démarre sur un ruban d'entrée donné, va-t-elle finalement terminer ses calculs ?

En termes concrets, supposons que nous cherchions un dispositif (une machine, une boule de cristal, un oracle...) capable de donner la bonne réponse à la question ci-dessus pour toutes les machines de Turing *T*. Si une telle chose peut exister, ce ne peut être une machine de Turing. Autrement dit, il est impossible d'écrire un programme pour une machine de Turing — disons *H* — qui puisse fonctionner comme suit : *H* accepte comme donnée d'entrée l'ensemble des instructions d'une machine de Turing arbitraire *T* en même temps que le contenu de sa bande initiale (toutes ces données encodées de manière appropriée) et produit comme donnée de sortie « oui », si *T* finit par s'arrêter, et « non », si *T* continue sa marche indéfiniment. En d'autres termes, cela signifie que *H* est capable de prédire si oui ou non une machine de Turing donnée s'arrêtera un jour de fonctionner.

Hélas ! *H* ne peut pas exister. Car, si cette machine existait, elle entraînerait une contradiction logique (voir l'appendice 3 pour plus de détails).

Et donc, quel que soit le moyen de distinguer les machines de Turing qui mettent fin à leurs calculs de celles qui ne le font pas, cette opération ne pourrait se faire sur une machine de Turing. En un mot : le problème de l'arrêt n'est résoluble sur aucune machine de Turing.

LA FOURMI, LE BULLDOZER ET LES LIMITES DE LA CALCULABILITÉ

Les ordinateurs sont de formidables machines à calculer, avec leurs processeurs ultra-rapides en parallèle, leurs mémoires vives, etc. Par comparaison, les machines de Turing, qui se traînent en avançant une cellule à la fois, semblent être des modèles d'inefficacité (elles peuvent se permettre d'être inefficaces, puisqu'elles disposent de ressources inépuisables — temps, papier, encre, etc.). C'est pourquoi le fait que certaines fonctions ne peuvent être calculées par les machines de Turing ne semble pas constituer une limite sérieuse, car il est concevable que ces fonctions puissent être calculées par d'autres appareils plus puissants.

Peut-être bien. Mais, quels qu'ils puissent être, ces « appareils » ne peuvent ressembler à nos ordinateurs familiers. Malgré toute leur puissance et leur rapidité impressionnantes, les ordinateurs numériques ne sont en fait que de vulgaires machines de Turing — avec l'inconvénient supplémentaire des contraintes de temps et d'espace. Cette faiblesse des ordinateurs numériques s'explique assez simplement : puisque leur fonctionnement cadre avec la description d'un « processus mécanique », il peut être reproduit par une machine de Turing. Bien sûr, la modeste machine de Turing peut avoir à exécuter des milliers d'opérations très élémentaires dans le but d'accomplir ne serait-ce qu'une simple multiplication. À la fin, cependant, le résultat sera le même, qu'il ait été obtenu efficacement par une vraie machine ou calculé laborieusement par une machine idéale. C'est comme déplacer un tas de sable d'un endroit à un autre. Une simple fourmi transportant un grain à la fois peut en principe accomplir la même tâche aussi sûrement que ne peut le faire un bulldozer. Ainsi, tout ce qu'un ordinateur peut faire peut être fait également par une machine de Turing. Ce qui nous conduit à une conclusion inévitable : ces fonctions qu'aucune machine de Turing ne peut calculer demeurent non calculables par n'importe quel ordinateur numérique — actuel ou futur.

Outre celle de Turing, d'autres définitions ont été proposées pour rendre mathématiquement précise l'idée intuitive de calculabilité. Il s'avère, cependant, qu'elles sont toutes équivalentes, c'est-à-dire qu'indépendamment de celle que nous adoptons, l'ensemble des fonctions calculables sera toujours le même. Cet état de choses a poussé le logicien américain Alonzo Church à énoncer ce qu'on appelle *la thèse de Church* : toutes les fonctions calculables dans un sens intuitif sont calculables sur une machine de Turing.

Professeur à l'Université Princeton, Church avait travaillé sur la question de Hilbert à peu près au même moment que Turing. Recourant à des méthodes passablement différentes, et chacun ignorant les efforts de l'autre, les deux mathématiciens parvinrent à la réponse presque simultanément, des deux côtés de l'Atlantique. Ce que Church appelait « effectivement calculable » [*calculable*] correspondait à la notion de « calculable » [*computable*] chez Turing — c'est-à-dire à tout ce qui peut être calculé [*computed*] par une machine de Turing. Quelques années plus tard, les anciens « rivaux » travaillèrent ensemble à Princeton.

La thèse de Church est toujours valable, car personne n'a encore trouvé une fonction qu'on pourrait raisonnablement appeler « calculable » qui ne pourrait pas être calculée par une machine de Turing. Si la conjecture de Church est exacte — et les faits jusqu'à maintenant semblent le démontrer — alors les fonctions qu'aucune machine de Turing ne peut calculer sont également non calculables dans un sens absolu.

LEVER LE VOILE SUR LES FONCTIONS NON CALCULABLES

Les fonctions non calculables ne constituent pas quelque chose d'occulte, de trop mystérieux pour être envisagées par un profane. La question est plutôt de savoir où les trouver. Un moyen sûr de tomber sur l'une d'elles est d'essayer de « calculer » la solution d'un problème qu'aucune machine de Turing ne pourra résoudre. Nous connaissons déjà un puzzle de ce genre, celui qui consiste à vérifier si oui ou non une machine de Turing arbitraire s'arrêtera jamais de calculer. Tout ce qui nous reste à faire maintenant est de traduire ce problème de l'arrêt dans le langage des fonctions.

La technologie de la communication d'aujourd'hui se fonde sur la numérisation de l'information, l'encodage des textes, des images et des sons en chaînes de 0 et de 1 sur un support approprié (disquette, disque compact, etc.). Le processus est, bien sûr, réversible, car nous pouvons retrouver le texte ou le son à partir de sa forme codée (en lisant la disquette ou en faisant jouer le disque compact). En plus, l'encodage/décodage est totalement automatique, puisqu'il est fait par des machines.

De la même manière, il est en principe possible d'encoder automatiquement le programme de n'importe quelle machine de Turing comme un seul nombre naturel. Ceci peut se faire, par exemple, en convertissant d'abord chacun des symboles nécessaires pour écrire les programmes d'une machine de Turing en un code à deux chiffres. Voici une table de conversion possible :

0 = 00	L = 10
1 = 01	R = 11
2 = 02	(= 12
…	) = 13
9 = 09	# = 14
	, = 15

Ensuite, étant donné un programme *P* pour une machine de Turing, nous pouvons obtenir un nombre naturel en remplaçant les symboles (dans l'ordre où ils apparaissent dans *P*) par leurs codes à deux chiffres et en lisant finalement la chaîne qui en résulte comme un nombre décimal. Ainsi, le programme à une seule instruction (# 1, 0, R, # 1) devient le nombre 1 214 011 500 151 115 140 113. (Nous ne prétendons pas que le système d'encodage ci-dessus soit le plus efficace qui existe.)

Il est clair que le programme original peut être restitué à partir de son chiffre codé par un décodage (automatique) approprié. Il est à noter que, tandis que chaque machine de Turing a un chiffre correspondant (le chiffre codé de son programme), certains nombres naturels *k* peuvent n'encoder aucun programme — ce qui veut dire que le décodage de *k* ou bien produira une chaîne de symboles dépourvue de sens ou bien rien ; en d'autres mots, tout sauf le programme d'une machine de Turing. Par exemple, 1 110 071 212 se décode comme RL7(((dépourvu de sens), tandis que 789 999 555 333 ne se décode pas du tout. S'il arrive qu'un chiffre *m* est le chiffre codé d'une machine de Turing, nous désignerons cette machine par T(*m*).

Nous définissons maintenant la fonction *h* à deux variables comme suit : pour une paire donnée (*m*, *n*) de nombres naturels, *h*(*m*, *n*) = 1, si *m* est le code d'une machine de Turing et si cette machine — T(*m*) — finit par s'arrêter après avoir été démarrée avec le nombre *n* sur sa bande d'entrée. Dans tous les autres cas — c'est-à-dire si *m* n'est pas le code d'une machine de Turing ou si T(*m*) existe mais ne cessera jamais de calculer sur l'entrée n -, nous posons $h(m, n) = 0$. Encore une fois : $h(m, n) = 1$, si $T(m)$ existe et finit par s'arrêter lorsque celle-ci est démarrée sur l'entrée n ; et $h(m, n) = 0$, dans les autres cas.

Comment pouvons-nous être sûrs qu'aucune machine de Turing ne calcule h ? Parce que, comme nous le montrons dans l'appendice 3, l'hypothèse qu'une machine de Turing calcule effectivement h mène tout droit à une contradiction logique. Cette méthode de preuve par l'absurde (*reductio ad absurdum*) est une des meilleures alliées du mathématicien.

COMPLEXITÉ

Les résultats obtenus par Turing imposent une limite théorique à ce que ses machines idéales — et, à fortiori, les ordinateurs réels — peuvent calculer. Mais, comme on a pu le constater dans la pratique, il y a largement place, à l'intérieur de ces limites, pour le calcul de solutions à toutes sortes de problèmes. La vraie question est plutôt de savoir comment effectuer, par un moyen efficace, les nombreuses tâches que peuvent accomplir les ordinateurs numériques. Contrairement aux vrais ordinateurs, les machines de Turing n'ont aucune limite de temps ou d'espace de mémoire pour calculer leurs réponses. Par conséquent, même si un problème est résoluble sur une machine de Turing, il n'est pas certain qu'il puisse l'être, en fait, sur un ordinateur (dans le cas, par exemple, où la réponse prendrait des milliers d'années).

Les mathématiciens et les informaticiens qui étudient les aspects pratiques de l'informatique ont accumulé un riche bagage de résultats théoriques et empiriques, lequel est appelé *théorie de la complexité calculatoire*. Plus particulièrement, ils ont essayé d'élucider ce qui rend certains problèmes plus difficiles à résoudre que d'autres. Pour illustrer les principaux concepts dans ce domaine, nous emploierons un célèbre problème que l'on a appelé — sans doute, avec exagération — la mère de tous les problèmes d'optimisation.

LES PROBLÈMES D'OPTIMISATION

Quiconque désire trouver le meilleur moyen de faire quelque chose peut se trouver devant ce que les mathématiciens appellent un problème d'optimisation. Souvent, cela signifie avoir à déterminer quelle est la meilleure stratégie face à un grand nombre de possibilités. Par exemple, dans une situation commerciale ou industrielle typique, la « meilleure » option, en règle générale, est l'option la plus économique. Pour chaque possibilité x, il y a un coût associé $c(x)$; le problème consiste alors à trouver un x pour lequel $c(x)$ est aussi petit que possible, c'est-à-dire une solution optimale. L'établissement des itinéraires pour la livraison des marchandises et la planification de la production d'une usine constituent des exemples d'optimisation sur une grande échelle. Dans de tels cas, une mauvaise optimisation peut entraîner des effets économiques désastreux, d'où l'intérêt pratique que présente la mise au point de méthodes de résolution efficaces. Certaines de ces techniques procèdent au calcul de la solution optimale directement à partir des données (en faisant usage, par exemple, du calcul différentiel) ; d'autres méthodes essaient d'y parvenir étape par étape, en commençant par une solution approchante qu'on améliorera progressivement.

Les techniques de résolution fondées sur les nouveaux paradigmes informatiques offrent des possibilités prometteuses. Par exemple, les algorithmes génétiques, que nous aborderons au chapitre 6, fonctionnent avec un réservoir de solutions potentielles dont la composition est périodiquement mise à jour par un mécanisme comportant un élément de hasard. À long terme, le but de ce processus « évolutif », qui ressemble à la sélection naturelle, est d'améliorer la qualité moyenne des futures « générations » de solutions. Si les opérations de mise à jour sont choisies judicieusement, la probabilité est grande pour qu'un « individu » exceptionnel — en tant que solution optimale ou quasi optimale — finisse par apparaître.

Un problème particulier d'optimisation a rendu perplexes quelques-uns des meilleurs mathématiciens et informaticiens pendant longtemps ; c'est une preuve supplémentaire qu'une question apparemment innocente peut susciter un problème très ardu ! Dans sa version originale, ce problème concerne un commis voyageur qui doit se rendre dans plusieurs villes. En partant d'une certaine ville, il doit aller une fois dans chaque ville avant de retourner à son point de départ. Dans quel ordre le vendeur devra-t-il passer par les différentes villes pour que le tour soit le plus court possible ? Tel est le défi connu sous le nom de *problème du commis voyageur*.

Cela a l'air très simple. Tout ce que le représentant doit faire, c'est additionner les distances entre les villes pour chaque tour possible et ensuite choisir le circuit le plus court. Par exemple, un tour comprenant six villes peut être planifié de 120 façons ($5 \times 4 \times 3 \times 2 \times 1$) correspondant aux différents arrangements, ou permutations, d'un ensemble de cinq objets. (Pourquoi 5 objets et non pas 6 ? Parce que tous les itinéraires doivent commencer par la ville où demeure le représentant.) Un ordinateur ne mettra qu'une fraction de seconde pour calculer les longueurs des différents parcours et retenir le plus court. Mais cette méthode de résolution devient inapplicable si le nombre de villes est, disons, cinquante. Car alors un calcul exhaustif cas par cas de la longueur de chaque parcours comportera un si grand nombre d'opérations que même le superordinateur le plus rapide du monde mettra des milliards d'années pour parvenir à la réponse.

Il n'y a pas beaucoup de commis voyageurs qui doivent se rendre dans cinquante villes ; mais on retrouve le même genre de problème dans l'industrie et l'administration où de bonnes solutions peuvent se traduire par des économies considérables. Dans la fabrication des circuits imprimés, par exemple, des lasers doivent percer des dizaines de milliers de trous. Le circuit « voyage » autour d'un rayon laser fixe, et la recherche de la séquence qui prend le moins de temps pour percer les trous nécessaires est assimilable au problème du commis voyageur. D'autres applications industrielles — la fabrication des puces d'intégration à très grande échelle, par exemple — peuvent comporter des millions de « villes ».

Manfred Padberg, de la Leonard N. Stern School of Business de l'Université de New York, est un expert du problème du commis voyageur. Il a constaté que la plupart des techniques pour résoudre des problèmes combinatoires difficiles ont été pensées, mises au point et testées sur le modèle du problème du commis voyageur. D'après David Johnson des laboratoires AT & T, un autre mordu du problème du commis voyageur, l'intérêt de cette question peut s'expliquer par sa simplicité et son applicabilité, ou peut-être tout simplement par... son nom énigmatique.

Mais la fascination qu'exerce le cas du commis voyageur peut aussi provenir du fait qu'il est typique d'une grande catégorie de problèmes ardus, équivalents sur le plan calculatoire. Ce qui signifie que n'importe quelle méthode de résolution efficace d'un problème particulier dans cette catégorie peut être employée à l'élaboration d'algorithmes efficaces pour chacun des autres. Ici, « efficace » a un sens précis, qui sera expliqué bientôt.

LA TAILLE DU PROBLÈME

Il y a une distinction à faire entre le problème général et les exemples ou cas particuliers du problème. Chaque fois que nous précisons un ensemble de villes et les distances entre elles, nous avons un exemple du problème du commis voyageur. Nous pouvons réussir à trouver le tour le plus court pour tel exemple particulier, mais, pour parvenir à résoudre *le* problème, nous avons besoin d'une méthode qui conduise à la solution de chaque exemple, et ce dans un délai raisonnable. Le facteur temps est crucial pour d'évidentes raisons pratiques (qui, en effet, peut se permettre d'attendre une réponse durant des milliers d'années ?). Naturellement, nous ne devrions pas être surpris que le temps de calcul augmente avec le nombre de villes concernées, c'est-à-dire avec la « taille » de l'exemple. Les notions de taille du problème et de durée raisonnable doivent donc être clarifiées.

La taille (dans un exemple quelconque de problème) est la quantité de mémoire informatique nécessaire pour préciser les données (mesurées en unités appropriées telles que les octets). Dans le cas du problème du commis voyageur, les données sont les distances entre chaque paire de villes ; toutefois, pour simplifier, nous prendrons le nombre n de villes comme taille. Ainsi, un problème comprenant 48 villes aura la taille 48. En général, plus la taille est grande, plus long sera le temps de réponse de tout algorithme de solution — bien que le temps de calcul puisse aussi dépendre d'autres facteurs, comme par exemple la distribution géographique des villes.

Un simple exemple peut faire comprendre pourquoi l'approche directe (calculer les longueurs de tous les parcours possibles) est irréalisable. Pour $n = 5$ villes, il y a 24 parcours possibles ; si le nombre de villes est augmenté 10 fois à $n = 50$, le nombre de parcours explose pour atteindre approximativement 6×10^{62}, ce qui est une augmentation par un facteur dépassant le quintillion de quintillions (= 1 suivi de 60 zéros) ! Puisque le nombre de possibilités croît extrêmement vite par rapport à la taille du problème, la vérification systématique de tous les parcours pour trouver le parcours optimal devient vite impossible. Pour qu'une méthode de solution soit praticable, les exigences du calcul ne devraient pas augmenter trop rapidement avec la taille de l'exemple. Les experts qui ont étudié la performance des algorithmes ont imaginé une classification des problèmes fondée sur la relation mathématique entre, d'une part, la taille du problème et, d'autre part, le nombre d'opérations nécessaires (à l'ordinateur) pour trouver une solution. La catégorie la plus populaire est connue sous le symbole P, ou, plus familièrement, comme la catégorie des problèmes faciles.

LE TEMPS POLYNOMIAL

Pour évaluer l'efficacité d'un algorithme, on prend en considération d'habitude soit la durée de déroulement de cet algorithme sur un ordinateur soit le nombre d'opérations élémentaires nécessaires à son exécution. Mais une mesure d'efficacité satisfaisante ne doit pas dépendre d'un ordinateur particulier choisi pour faire tourner l'algorithme. Un moyen d'obtenir une mesure uniforme est d'exiger que l'algorithme soit écrit comme un programme d'une machine de Turing. La notion d'« opération » sera donc parfaitement claire (rappelons-nous qu'une machine de Turing n'accomplit que trois types d'opérations : un mouvement vers la droite, un mouvement vers la gauche et l'écriture d'un symbole). De plus, en stipulant que l'exécution d'une opération doit prendre une unité de temps, le même nombre évaluera la quantité d'opérations et la durée du déroulement. Même si tel détour théorique par les machines de Turing peut rendre nos définitions tout à fait précises, il serait extrêmement difficile de lui donner suite. Heureusement, il existe certains raccourcis pratiques. Mais nous devons d'abord fait un détour par l'algèbre élémentaire.

Les polynômes (d'une variable x) sont les fonctions obtenues par les opérations d'addition et de multiplication sur x et sur certains nombres (constants) $a_n, a_{n-1}, \ldots, a_1, a_0$. Considérons, par exemple, la séquence d'opérations suivante : multiplication de x par lui-même (ce qui donne x^2), puis multiplication par 3 (nous avons maintenant $3x^2$), addition de x, ce qui donne $[3x^2+x]$, multiplication par 2, ce qui donne $[(3x^2+x)2]$, multiplication par x, ce qui donne $[(3x^2+x)2x]$, et finalement addition de -5. Nous obtenons de cette façon la fonction polynomiale $p(x) = (3x^2+x)2x-5$. Les polynômes constituent le type le plus simple de fonction, parce que leur calcul ne comporte que les opérations les plus simples : l'addition et la multiplication. En utilisant les propriétés de ces deux opérations, on peut alors montrer qu'une fonction polynomiale peut toujours s'écrire dans la forme standard $p(x) = a_n x^n + a_{n-1} x^{n-1} + \ldots + a_1 x + a_0$, avec a_n différent de zéro. Le nombre entier positif n est appelé le degré du polynôme. La forme standard du polynôme dans notre exemple est $p(x) = 6x^3 + 2x^2 + 0x - 5$, qui est un polynôme du troisième degré. La classe des fonctions polynomiales présente beaucoup de propriétés algébriques désirables. La moindre n'étant pas qu'un autre polynôme résulte de l'addition ou de la multiplication de deux polynômes, ou par le remplacement de tous les x dans $p(x)$ par un autre polynôme $q(x)$ (la *composition* de deux polynômes, en langage technique).

En général, il n'est pas possible de calculer exactement combien d'opérations nécessite un algorithme pour résoudre un problème donné de la taille n. Le mieux que nous puissions faire habituellement est d'estimer une limite supérieure $u(n)$ au nombre d'opérations requises pour résoudre un exemple quelconque de taille n, autrement dit garantir que le nombre d'opérations ne dépassera pas $u(n)$. La fonction $u(n)$, qui normalement augmente avec n, devient ainsi une mesure approximative de la vitesse à laquelle la durée du déroulement croît en fonction de la taille du problème. Si $u(n)$ est une fonction polynomiale, nous disons que l'algorithme donné résout le problème en « temps polynomial » (on appelle familièrement l'algorithme lui-même « algorithme de temps polynomial »). Dans la hiérarchie des taux de croissance, les polynômes occupent le niveau le plus bas, juste en dessous des exponentielles, qui constituent le taux de croissance caractéristique des cultures bactériennes et des créances à recouvrer.

Un problème appartient à la classe P (P comme polynôme), s'il existe un algorithme qui peut résoudre celui-ci dans un délai polynomial ou, plus explicitement, s'il y a un polynôme $p(x)$ et un algorithme qui peut résoudre n'importe quel exemple de taille n en moins de $p(n)$ opérations. Un exemple nous est fourni par le problème du chemin d'Euler, baptisé ainsi d'après Leonhard Euler, génie mathématique suisse du XVIIIe siècle. Dans la version populaire de ce problème, on met une personne au défi de dessiner une certaine figure sans lever son crayon ni tracer deux fois la même ligne. Pour l'image de la figure 2.2, la séquence suivante de segments constitue une solution au problème : *EA*, *AB*, *BC*, *CD*, *DE*, *EC*, *CA*, *AD*.

FIGURE 2.2

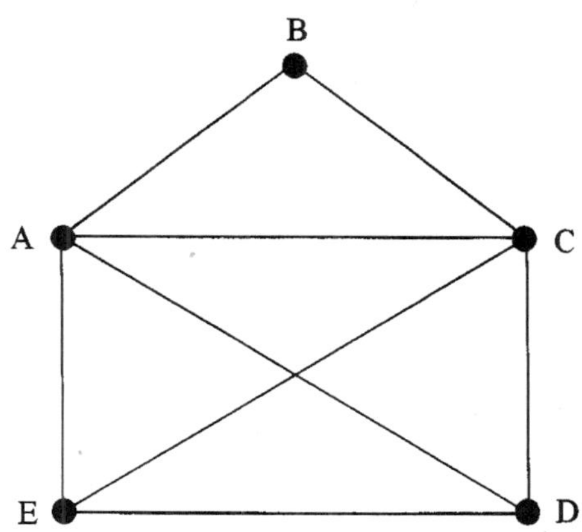

FIGURE 2.2. Une figure que l'on peut dessiner sans lever le crayon ni tracer la même ligne deux fois.

Mais si la figure ne satisfait pas à une certaine condition (qui sera expliquée ci-après), la personne peut prendre des heures à essayer en vain de relever le défi. La morale de l'histoire : devant un problème à résoudre, il est prudent de ne pas oublier qu'il peut très bien ne pas y avoir de solution.

Mathématiquement, le problème du chemin d'Euler consiste à décider si oui ou non un graphe donné a un chemin qui parcourt chaque « côté » exactement une fois (un chemin eulérien). Un graphe à m « sommets » peut être représenté comme une matrice binaire $m \times m$, ou tableau dont les éléments sont des 0 et des 1. Si nous numérotons les sommets de 1 à m, alors l'élément dans la $i^{\text{ième}}$ ligne et la $j^{\text{ième}}$ colonne sera 1 dans le cas où les sommets i et j sont reliés par un côté, et 0 s'ils ne le sont pas. L'étiquetage des sommets du graphe dans la figure 2.2. par les chiffres 1, 2, ..., 5, au lieu des lettres A, B, ..., E, aboutit à la matrice suivante :

0	1	1	1	1
1	0	1	0	0
1	1	0	1	1
1	0	1	0	1
1	0	1	1	0

Dans cette représentation, la taille du problème est m^2 (le nombre d'éléments dans la matrice). Comment pouvons-nous décider, sur la seule base de la matrice binaire ci-dessus, si oui ou non il y a un chemin eulérien ? Les mathématiques viennent à notre secours. Appelons « degré » d'un sommet le nombre de côtés qui se rencontrent à ce sommet. Par exemple, dans le graphe ci-dessus, A a le degré 4 et E a le degré 3. Remarquons que le degré du sommet i est égal au nombre de 1 dans la $i$ième ligne de la matrice. Maintenant, comme Euler l'a montré, un graphe G a un chemin eulérien si et seulement si le nombre de ses sommets de degré impair est soit 0 soit 2. Dans le premier cas, G a un chemin eulérien fermé (qui commence et se termine au même sommet) ; dans le second, le chemin eulérien commence à un sommet de degré impair et se termine à l'autre. La preuve du théorème d'Euler n'est pas vraiment difficile, mais elle n'est pas nécessaire à notre propos.

Un algorithme pour décider de la question du chemin d'Euler vérifie la parité de chaque ligne de la matrice — c'est-à-dire si le nombre de 1 est pair ou impair — et retient le nombre de lignes avec parité impaire. Si le décompte final est soit 0 soit 2, alors la réponse (à la question) sera affirmative, sinon elle sera négative. Une estimation approximative révèle que le procédé qu'on vient d'exposer comporte moins de $2m^2+3$ étapes de calcul. Par conséquent, le polynôme $p(n) = 2n+3$ dans la taille n ($= m^2$) de l'exemple est une limite supérieure par rapport au nombre d'opérations requises pour résoudre le problème. Le problème d'Euler se situe donc dans la classe P, autrement dit est de temps polynomial.

Un autre problème de classe P consiste à trouver le chemin le plus court d'une ville donnée à chacune de n autres villes, puisqu'on peut démontrer qu'un algorithme particulier pour résoudre ce problème requiert moins de $p(n) = n^3$ opérations. Si on suppose une vitesse de calcul modeste de 1024 ($= 2^{10}$) opérations par seconde, cet algorithme prendra moins d'une demi-heure pour résoudre tout problème comportant 128 villes ($n = 128$). Comparons cette performance avec celle d'un algorithme de temps exponentiel qui fournit une solution au problème des itinéraires les plus courts après 2^n (au lieu de n^3) opérations. Pour le même nombre (128) de villes, un tel algorithme requerra le chiffre ahurissant de 10^{19} milliards d'années pour parvenir à la réponse. Même avec une vitesse de calcul un milliard de fois plus rapide, la solution prendra encore 10^{10} milliards d'années.

L'exemple ci-dessus peut aider à expliquer pourquoi les algorithmes de temps exponentiel, sauf exceptions remarquables, sont, à toutes fins pratiques, inutiles. Et aussi pourquoi les problèmes dont les solutions dépendent de tels algorithmes sont généralement considérés comme insolubles, et le demeureront dans un avenir prévisible — même en tenant compte du développement (réaliste) d'ordinateurs plus rapides. En revanche, les problèmes de la catégorie P peuvent, en règle générale, être résolus ; c'est pourquoi leurs algorithmes de temps polynomial (dont le degré du polynome est normalement peu élevé) ont été surnommés algorithmes « efficaces ». Le problème du commis voyageur est-il un problème de classe P ? À la vérité, nous ne le savons pas. Personne n'a encore trouvé de solution « efficace », c'est-à-dire un algorithme qui calcule le plus court trajet de n villes en un temps polynomial — mais personne non plus n'a démontré qu'un tel algorithme n'existe pas.

LA CLASSE NP

Une deuxième classe de problèmes est connue sous le nom peu élégant de problèmes non déterministes vérifiables en temps polynomial, en abrégé NP (*nondeterministic polynomial*). À proprement parler, l'étiquette NP ne s'applique qu'aux problèmes de décision, c'est-à-dire aux problèmes qui requièrent une réponse par oui ou par non. Mais, la plupart du temps, cette distinction est ambiguë, car presque n'importe quel problème peut être formulé comme un problème de décision quasi équivalent au problème original. Dans le cas du commis voyageur, au lieu de chercher le circuit le plus court, nous pourrions voir s'il y a un tour dont la longueur est *K* ou moins (où *K* est un nombre positif). En fait, il n'existe pas plus d'algorithme de temps polynomial connu pour résoudre ce problème qu'il n'en existe pour résoudre la version originale. Cependant, sa formulation en tant que problème de décision nous permet de diviser la recherche d'une solution en deux étapes. Dans la première, une solution possible (une liste *S* de villes) est « devinée », tandis que, dans la seconde, on « vérifie » si oui ou non *S* est effectivement une solution — un itinéraire de longueur *K* ou moins.

On peut décrire approximativement les problèmes (de décision) dans la classe NP comme étant ceux dont les solutions peuvent être difficiles à trouver mais sont faciles à vérifier. Plus précisément, un problème figure dans la classe NP si la vérification de n'importe quelle solution potentielle peut se faire en temps polynomial (par rapport à la taille du problème). C'est précisément cette idée de la vérifiabilité en temps polynomial qui est visée par la classe NP.

Qu'en est-il de l'aspect « non déterministe », à savoir le N dans NP ? Une définition précise de la classe NP fait intervenir la notion de machine de Turing non déterministe (MTND), dont le rôle est de « deviner » des solutions potentielles. Nous pouvons imaginer une MTND comme composée d'une tête à écriture seulement. Lorsqu'elle est mise en marche, la tête écrit une chaîne binaire arbitraire sur son ruban. À chaque étape de l'opération, le machine « choisit », de manière non déterministe (c'est-à-dire au hasard), d'écrire un 0, un 1 ou de cesser d'écrire complètement. Quand — et si — la tête choisit d'arrêter, la chaîne binaire qui se trouve sur son ruban est transmise à une machine de Turing ordinaire (MT), laquelle commence ensuite le processus de vérification de la manière habituelle (déterministe). Cette machine de Turing ordinaire a été munie à l'avance des données concernant l'exemple particulier du problème de décision que l'on veut résoudre (soit les distances entre les villes, dans le cas du problème du commis voyageur). Ainsi, au lieu d'exécuter un seul calcul, le tandem MTND-MT effectue un nombre infini de calculs, un pour chaque solution potentielle (un pour chaque tour, dans le cas du PCV). Si pour chaque exemple du problème dont la réponse est affirmative, il y a une solution et un calcul qui vérifie celle-ci en temps polynomial, nous disons alors que le problème appartient à la classe NP. Les problèmes de décision dans la classe NP peuvent donc être définis informellement comme ceux qu'une machine de Turing non déterministe peut résoudre en temps polynomial.

Comme Michael Garey et David Johnson le font remarquer dans *Computers and Intractability*[5], l'emploi du terme « résoudre » dans cette définition ne doit pas être pris au pied de la lettre, puisqu'un « "algorithme non déterministe de temps polynomial" est essentiellement un artifice pour saisir la notion de vérifiabilité en temps polynomial, plutôt qu'une méthode réaliste pour résoudre les problèmes de décision ».

Pour un problème de type « commis voyageur », la vérification d'une solution potentielle *G* commence en examinant si *G* encode bien une permutation, c'est-à-dire un tour *T*, des villes, puis se poursuit (au cas où *G* encode un tel tour) par le calcul de la longueur *L* de *T*, pour finalement se terminer par la comparaison de *L* avec la limite *K*. Il est entendu que cette étape de « vérification » pourrait être spécifiée sous forme d'algorithme de temps polynomial, et que par conséquent le problème du commis voyageur (dans sa version décisionnelle) fait partie de NP.

Y A-T-IL VRAIMENT DES PROBLÈMES DIFFICILES ?

Chaque problème de décision dans la classe P se retrouve automatiquement dans la classe NP. La raison en est simplement que tout algorithme déterministe de temps polynomial (ou machine de Turing) est aussi un algorithme non déterministe : il peut, en effet, se permettre de contourner l'étape de la « devination » et se diriger tout droit vers la réponse (oui ou non) à la question de la décision. Il semble raisonnable de s'attendre à ce que la classe NP, ayant un nom différent et une définition plus compliquée, soit distincte de (et donc plus grande que) la classe P. Autrement dit, qu'il y ait des problèmes dans NP qui ne soient pas déjà dans P. Mais, dans les faits, est-ce que P est vraiment différent de NP ?

Cela réconfortera peut-être le lecteur d'apprendre qu'il n'est pas plus ignorant sur ce sujet que l'armée des experts qui ont réfléchi sur la question depuis des décennies. Tous les efforts pour prouver que P ≠ NP ont jusqu'à présent échoué, mais personne n'a montré non plus que P = NP. Des informaticiens passablement réputés ont pensé avoir réglé la question ; cependant, ils ont dû se rétracter devant la découverte d'erreurs dans les preuves qu'ils avaient proposées. Il y a parmi les spécialistes de la complexité une croyance très répandue que P est plus petit que NP. C'est pourquoi ces chercheurs ont longtemps travaillé avec l'hypothèse qu'il existe des problèmes dans la classe NP qui ne sont pas dans la classe P — problèmes que l'on qualifie de « difficiles ». On ne peut pas reprocher à ceux qui travaillent dans la théorie de la complexité d'être, à l'instar des théologiens, animés d'une grande foi dans l'existence de leur premier objet d'étude !

Pour rendre la situation encore plus énigmatique, les preuves empiriques pour et contre P ≠ NP semblent se neutraliser. D'une part, les échecs répétés en vue de prouver que P ≠ NP laissent fortement supposer que le résultat est faux. Mais alors, comment se fait-il que personne n'ait encore trouvé une solution en temps polynomial (très recherchée, pour des raisons pratiques) à aucun des fameux problèmes dans la classe NP, y compris celui du commis voyageur ? Il faut croire que la vie n'est pas simple dans l'univers de la complexité. Mais les théoriciens de l'informatique sont ingénieux et, faute d'avoir montré l'existence des problèmes difficiles dans NP, ils ont conçu un test pour établir que certains problèmes de cette catégorie sont les plus « difficiles » à résoudre.

LES PROBLÈMES NP-COMPLETS

> Le terme « NP-complet » en est venu à symboliser l'abîme d'insolubilité intrinsèque avec lequel sont aux prises les concepteurs d'algorithmes qui cherchent à résoudre des problèmes toujours plus grands et plus complexes.
>
> (Michael R. Garey et David S. Johnson)[6].

En 1971, Stephen Cook, professeur à l'Université de Toronto, a démontré qu'un problème de décision particulier dans la logique formelle peut être qualifié du plus « difficile » des NP. Cook a aussi défini pour la première fois les classes P et NP, bien que l'idée d'un algorithme de temps polynomial puisse remonter à Edmonds au milieu des années 60, lequel les appela familièrement « bons algorithmes ». Edmonds[7] a, lui aussi, introduit une notion analogue à NP : celle de problèmes dont les solutions admettent des « preuves » vérifiables en temps polynomial.

Le problème de Cook est connu comme étant le problème de la satisfiabilité, ou SAT. Un exemple de SAT est une formule logique, ou expression booléenne, telle que

$$[x_1 \text{ ou } x_3 \text{ ou } x_5] \text{ et } [x_4 \text{ ou } x_1 \text{ ou } (\text{non } x_5)]$$
$$\text{ou } [(\text{non } x_4) \text{ ou } (\text{non } x_2) \text{ ou } (\text{non } x_3)]$$

où $x_1, x_2, ..., x_5$ représentent des variables booléennes qui peuvent prendre une des deux valeurs de vérité : 0 (= faux) ou 1 (= vrai). La question (de la décision) à laquelle on doit répondre est de savoir s'il existe une assignation possible de valeurs de vérité aux variables, qui fasse de l'expression une expression vraie (la « satisfasse »). Nous rappelons au lecteur que l'expression « x ou y » est vraie si au moins un élément x ou y est vrai ; que « x et y » est vraie si les deux x, y sont vrais ; et que « non x » est vraie si x est faux. Par exemple, pour $x_1 = x_3 = x_4 = x_5 = 1$ et $x_2 = 0$, l'expression ci-dessus est vraie. Ainsi donc, dans ce cas particulier, nous pouvons facilement trouver une réponse à la question — des exemples simples de problèmes difficiles donnant toujours l'illusion que le problème général est facile à résoudre.

Un exemple général de SAT consiste en un ensemble fini D de disjonctions, chacune de celles-ci comprenant trois variables et /ou leurs négations. Un tel ensemble D avec quatre disjonctions est :

$$[x_1 \text{ ou } (\text{non } x_3) \text{ ou } x_5], [x_4 \text{ ou } x_1 \text{ ou } x_5], [(\text{non } x_4)$$
$$\text{ou } (\text{non } x_2) \text{ ou } (\text{non } x_3)], [x_2 \text{ ou } x_5 \text{ ou } (\text{non } x_1)]$$

La question est ensuite de savoir si oui ou non il y a une assignation de valeurs de vérité aux variables apparaissant dans D (il peut y en avoir des milliers) qui satisfasse simultanément (c'est-à-dire rende vraies) toutes les disjonctions de l'ensemble.

Vérifier si une assignation des valeurs de vérité satisfait un ensemble fini de disjonctions est, de toute évidence, une tâche qui peut s'accomplir en temps polynomial. Par conséquent, SAT est un problème appartenant à la classe NP. Ce que Cook a montré dans un théorème[8] qui fit école (dont la preuve est assez compliquée), c'est que SAT a la propriété de complétude additionnelle suivante : tout exemple d'un problème dans la classe NP peut être transformé en temps polynomial, en un exemple de SAT ; de plus, la réponse à la question de la décision est la même pour les deux exemples. L'essentiel est que si (un gros si) SAT peut d'une façon ou d'une autre être résolu efficacement (c'est-à-dire en temps polynomial), alors il en va de même pour *chaque* problème dans NP, la distinction entre « difficiles » et « faciles » — entre les problèmes dans NP et ceux dans P — s'effondrant, du fait que NP serait identique à P !

Les problèmes qui présentent cette propriété de « complétude » telle que précisée ci-dessus forment une sous-classe de NP connue comme étant la classe des problèmes NP-complets. Ils comprennent une grande variété de problèmes qui apparaissent fréquemment en mathématiques et en recherche opérationnelle, notamment notre célèbre problème du commis voyageur. La détermination de l'arrangement le plus probable de fragments clonés d'une séquence d'ADN constitue un problème NP-complet en biologie moléculaire. Il y a aussi des problèmes NP-complets dans pratiquement chaque domaine de l'informatique, depuis le tri et la recherche jusqu'à la programmation des multiprocesseurs.

Tous les problèmes NP-complets partagent la propriété d'être « les problèmes les plus difficiles de la classe NP ». Ceci n'est peut-être qu'une illusion : si P = NP, alors tous les problèmes NP que l'on croyait « difficiles » peuvent se résoudre en temps polynomial et ne méritent pas cette appellation. Mais, d'un point de vue pratique, le fait de savoir qu'un problème est NP-complet est un précieux renseignement, car cela signifie que les chances de mettre au point un algorithme de solution efficace sont presque nulles. À moins, bien entendu, que deux générations d'informaticiens aient été dupées par un mirage.

LA SOLUTION DE L'ÉNIGME

Nous avons déjà rencontré, dans la section « Les fonctions calculables », la fonction g, laquelle fut définie comme étant $g(n) = 1$, s'il y a un bloc de n chiffres « n » consécutifs dans la partie décimale de π, et $g(n) = 0$, s'il n'existe pas un tel bloc. Nous avons alors mis le lecteur ou la lectrice au défi de prouver que g est calculable par une machine de Turing. Voici la solution — ou plutôt *une* solution — de l'énigme.

À ce propos, il faut faire remarquer que g prend soit la valeur 0 soit la valeur 1 pour $n = 1, 2, \ldots, 9$ et qu'elle n'est pas définie pour tous les autres nombres naturels. Il y a exactement 512 (=2^9) fonctions avec ces propriétés, et, pour chacune d'elles, nous pourrions facilement écrire le programme d'une machine de Turing qui la calcule. Puisque *g* est calculée par l'une de ces 512 machines de Turing, elle est donc calculable. Ce qu'il y a de singulier au sujet de *g*, c'est que nous ne pouvons pas dire *quelle* machine de Turing la calcule—pour ma part, je ne le puis certainement pas. Tout ce que nous savons avec certitude, c'est qu'il *existe* une machine de Turing capable de calculer *g*, qui est tout ce que requiert la définition d'une fonction calculable.

Notes

1. G. Ifrah, *Histoire universelle des chiffres*, Paris, Laffont, 1994, vol. 2, p. 495.

2. A. M. Turing, « On Computable Numbers, with an Application to the Entscheidungsproblem », *Proceedings of the London Mathematical Society*, série 2, vol. 42 (1936-1937), pp. 230-265.

3. *Ibidem*.

4. *Ibidem*.

5. M. R. Garey et D. S. Johnson, *Computers and Intractability : A Guide to the Theory of NP-Completeness*, San Francisco, W. H. Freeman, 1979.

6. *Ibidem*, préface.

7. J. Edmonds, « Minimum Partition of a Matroid into Independent Subsets », *Journal of Research of the National Bureau of Standards*, sect. B 69 (1965), pp. 67-72.

8. S. A. Cook, « The Complexity of Theorem-Proving Procedures », *Proceedings of the 3rd Annual, Association for Computing Machinery Symposium on Theory of Computing*, New York, Association for Computing Machinery, 1971, pp. 151-158.

chapitre 4

LES LIMITES DU RAISONNEMENT FORMEL

AU COMMENCEMENT ÉTAIENT LES AXIOMES

Comme nous l'avons vu dans le chapitre précédent, le problème de savoir si l'exécution d'un programme arbitraire d'ordinateur finira par se terminer ne peut se résoudre sur aucune machine de Turing. Bien que, à première vue, ce résultat semble ne concerner que la théorie du calcul, il a des répercussions inattendues sur la nature profonde des mathématiques. Des questions aussi fondamentales que: « les problèmes mathématiques sont-ils tous résolubles ? » et: « y a-t-il un test "mécanique" pour la vérité mathématique ? » sont étroitement liées au problème de l'arrêt.

La recherche de la sagesse mathématique commence par certaines présuppositions, ou axiomes, dont la vérité est tenue pour acquise. Armés seulement de la pure logique et guidés par leur intuition, les mathématiciens procèdent alors à la dérivation d'autres vérités — les théorèmes. Le grand édifice des mathématiques est ainsi construit, théorème par théorème. La solidité de toute la construction, en supposant une logique sans faille, est alors une conséquence nécessaire de la solidité de ses fondations: si les axiomes sont vrais, les théorèmes le sont tout autant. Le mathématicien grec Euclide fut le premier à utiliser cette approche axiomatique, il y a quelque 2300 ans, pour bâtir la géométrie d'une façon systématique. Jusqu'à tout récemment, les élèves de niveau secondaire pouvaient avoir un aperçu de cette puissante méthode, très révélatrice de la nature déductive des mathématiques, grâce à l'étude de la géométrie dans des manuels basés sur le chef-d'œuvre d'Euclide, *Les Éléments*. Mais la géométrie selon Euclide (et presque toute la géométrie elle-même) n'a pas survécu aux changements radicaux dans l'enseignement des mathématiques des années 1970. Situation ironique, ceux qui ont conçu les nouveaux programmes avaient eux-mêmes appris les mathématiques selon la manière traditionnelle, sans doute avec succès.

L'étude des nombres naturels, ou arithmétique, est peut-être la théorie mathématique par excellence. Plusieurs systèmes d'axiomes applicables à l'arithmétique ont circulé au début du XXe siècle, lorsque les questions concernant les fondements des mathématiques étaient très à la mode parmi les mathématiciens et les logiciens. La caractéristique principale de ces axiomes est d'énoncer certaines vérités évidentes à propos des nombres naturels, par exemple : chaque n a un successeur $(n+1)$, ou bien : différents nombres ont des successeurs différents, etc. D'autres systèmes peuvent avoir comme axiomes les lois fondamentales qui régissent les opérations habituelles telles que l'addition et la multiplication. Parmi ces lois, nous trouvons les propriétés de commutativité ($n+m=m+n$ et $nm=mn$, pour tous les nombres naturels n, m), de distributivité de la multiplication par rapport à l'addition ($n(m+k)=nm+nk$), etc.

Chaque propriété des nombres naturels qui peut être inférée logiquement des axiomes est un théorème, et la totalité de tous les théorèmes (démontrés) constitue le réservoir de notre connaissance arithmétique actuelle.

SONDER LES FONDEMENTS

> L'instrument qui amène le réglage des différences entre la théorie et la pratique, entre la pensée et l'expérience, sont les mathématiques. Elles établissent le pont et le renforcent continuellement. Ainsi, toute notre culture actuelle, dans la mesure où elle est concernée par la compréhension intellectuelle et par la conquête de la nature, repose sur les mathématiques !
>
> (DAVID HILBERT)[1].

Quels que soient les énoncés que nous choisissions comme axiomes, deux questions s'imposent d'elles-mêmes naturellement (au logicien) : une question portant sur la cohérence, formulée comme suit : « Peut-on jamais déduire une contradiction à partir des axiomes ? », et une question portant sur la complétude énoncée de la façon suivante : « Toutes les vérités (arithmétiques) sont-elles démontrables à partir des axiomes ? » Un système d'axiomes particulier (pour l'arithmétique ou pour une autre branche des mathématiques) est dit cohérent et complet si les réponses aux questions ci-dessus sont respectivement non et oui. Pour paraphraser la formule des tribunaux, les axiomes sont cohérents et complets si on peut logiquement en déduire toute la vérité (complétude) et rien que la vérité (cohérence).

La question de la cohérence a hanté les mathématiciens et les philosophes depuis longtemps, et, jusqu'à ce jour, n'a reçu aucune réponse concluante[2]. Bien sûr, les mathématiciens sentent au fond d'eux-mêmes que l'arithmétique est cohérente. En 1924, le distingué géomètre allemand Felix Klein présenta le plaidoyer suivant en faveur de la cohérence : « L'intuition nous montre, écrivait-il, l'existence de nombres pour lesquels ces lois sont valables [la commutativité, la distributivité, etc.] ; par conséquent, il est impossible que des contradictions se cachent dans ces lois »[3].

Mais l'argument de Klein ne persuada pas les soi-disant formalistes, lesquels se méfient de l'intuition et ne croient pas à l'existence des nombres naturels ni d'ailleurs aux autres entités mathématiques. Dans l'univers des formalistes, la seule réalité est celle des marques sur le papier — des expressions dans un langage formel — qu'on peut manipuler selon des règles précises. Puisque ces expressions formelles sont censées n'avoir aucune signification, elles ne sont ni vraies ni fausses. Sur l'autel du pur formalisme, ce n'est pas seulement le sens mais aussi la notion de vérité qui est sacrifiée.

Le formalisme est généralement associé au nom de David Hilbert, qui a apporté une contribution capitale aux mathématiques et à ses fondements. En fait, le fameux mathématicien allemand était un fervent adepte des mathématiques classiques. L'approche formelle ne constituait pour lui qu'un moyen stratégique en vue d'établir la solidité des méthodes traditionnelles de démonstration — surtout celles qui mettent en jeu le concept d'infini — méthodes qui furent attaquées par un groupe de dissidents qu'on a appelés les intuitionnistes. En 1928, Hilbert s'adressa au Congrès international des mathématiciens de Bologne. Il mit de l'avant comme étant des problèmes majeurs et ouverts les questions de la cohérence et de la complétude de l'arithmétique, ainsi que celle des systèmes plus larges tels que l'analyse mathématique classique. Il ne fait pas de doute que Hilbert tenait ces systèmes formels pour cohérents et complets.

Une preuve de la cohérence aurait persuadé les sceptiques que la théorie des nombres et l'analyse, ces piliers du temple des mathématiques, étaient exemptes de contradictions internes, garantissant ainsi qu'aucune proposition incongrue telle que $2+2=5$ ne puisse jamais être déduite. Par ailleurs, une démonstration de la complétude aurait confirmé, selon les mots de Hilbert, « la conviction partagée par tout mathématicien que, bien qu'aucune preuve ne l'ait encore étayée », tout problème mathématique peut être résolu[4]. Hilbert était aussi convaincu que notre compréhension de la nature et sa conquête éventuelle reposaient sur les mathématiques; d'où l'importance qu'il attachait à la validation de ses fondements. Au sommet de sa gloire, tout près de la retraite, comment aurait-il pu soupçonner que son programme optimiste allait être, peu de temps après, amèrement contrarié?

LES LANGAGES FORMELS

Pour mieux comprendre ce qui est en jeu ici, retournons à Euclide et à sa méthode axiomatique. Quand le célèbre mathématicien écrivit ses fameux *Éléments* vers 300 av. J.-C., il utilisa un langage naturel — le grec — pour décrire les relations entre les objets géométriques (points, lignes, etc.). Cependant, aujourd'hui, si nous espérons répondre à des questions sur les mathématiques telles que: « l'énoncé *S* est-il un théorème? », il nous faut préciser exactement ce qui constitue un énoncé mathématique. Un des moyens à prendre pour ce faire est de recourir à un langage formel. Les langages de programmation utilisés pour écrire les instructions d'un ordinateur sont des exemples de tels langages. Une des différences majeures entre les langages naturels et les langages formels est que ces derniers ont des règles grammaticales très précises, grâce auxquelles il est possible (à nous ou à une machine) de déterminer sans équivoque quelles expressions dans le langage sont des énoncés significatifs.

Un langage formel approprié à l'écriture d'énoncés concernant les nombres naturels est le *langage de l'arithmétique*. Son alphabet comprend plusieurs types de symboles: les nombres 0 et 1; les lettres $a, b, \ldots, x, y, z$ — qui représentent des nombres naturels arbitraires; les symboles d'opérations + (pour l'addition) et • (pour la multiplication); le symbole d'égalité (=) et les symboles logiques ¬ (non), ∨ (ou), & (et), ⇒((si... alors), ∃ (pour *quelque*) et ∀ (pour *tout*). Les expressions significatives du langage sont des chaînes de symboles tirés de cet alphabet et formées d'après certaines règles précises de syntaxe — qu'il serait trop fastidieux de préciser ici. Chaque expression (significative) dit « quelque chose » au sujet des nombres naturels. Par exemple,

$$\forall\, x\, (x+x=x \cdot x \Rightarrow (x=0 \vee x=1+1)) \qquad (1)$$

se lit, lorsque traduit en français : « Si un nombre ajouté à lui-même égale son carré, alors le nombre est soit 0 soit 2 », tandis que

$$\forall\, x\, ((\neg\, \exists z\, (\neg\, (z=1)\ \&\ \neg\, (z=x)\ \&\ \exists\, y\, (y \cdot z=x))\ \&\ \neg(x=1)) \Rightarrow \exists\, w\, (w+1+1+1=x)) \qquad (2)$$

signifie : « Chaque nombre premier est supérieur ou égal à 3 ».

La parfaite connaissance des règles syntaxiques du langage formel est, bien entendu, nécessaire pour effectuer la traduction. Une traduction littérale de (2) serait : « Pour tout (nombre naturel) x, s'il n'existe pas de z tel que z n'égale pas 1 et que z n'est pas égal à x et, pour quelque y, $y \cdot z=x$ et $x \neq 1$[en d'autres mots, si nul nombre autre que 1 et x lui-même divise x et x n'est pas égal à 1 — ce qui équivaut à "si x est premier"], alors il existe w tel que $w+3=x$ [autre moyen de dire "alors x est supérieur ou égal à 3"] ». Cet exemple illustre un des inconvénients des langages formels comme moyen de communication : les phrases deviennent vite trop longues et difficilement compréhensibles.

Une grande partie de la théorie des nombres peut être formulée dans ce langage formel. Des énoncés, tels que (1) ci-dessus, sont vrais (comme on peut facilement le vérifier en résolvant l'équation $2x=x^2$), alors que d'autres sont faux. L'énoncé (2) est évidemment faux, car 2 est un nombre premier plus petit que 3. Pour déclarer que ces deux énoncés sont respectivement vrai et faux, nous avons fait appel à notre connaissance des nombres naturels et de leurs opérations. Cependant, pour la plupart des énoncés formels, une décision concernant leur vérité ou leur fausseté est beaucoup plus difficile à obtenir. Le jury est encore occupé à délibérer sur des propositions aussi innocentes en apparence que « chaque nombre pair supérieur à 2 est la somme de deux nombres premiers » (la fameuse conjecture de Goldbach). L'assertion est vraie, par exemple, des nombres 4 (= 2+2), 20 (= 17+3), 66 (= 59+7), et de beaucoup d'autres. À vrai dire, personne n'a encore trouvé un nombre pair qui ne soit pas la somme de deux nombres premiers ; mais personne non plus n'a démontré qu'un tel nombre ne peut exister ; donc la question n'est toujours pas résolue. Si nous échouons dans nos tentatives pour découvrir si un énoncé donné est vrai ou faux, quelqu'un qui s'y connaît davantage ou qui est plus ingénieux pourra éventuellement réussir. Ce « quelqu'un » pourrait-il être une machine ?

LES MATHÉMATIQUES MÉCANIQUES

Dans son discours de 1928 à la communauté mathématique, David Hilbert s'était également demandé si les mathématiques sont décidables. Par ceci, il voulait dire : existe-t-il une méthode précise, semblable à un procédé « mécanique », qui pourrait, une fois appliquée à un énoncé mathématique arbitraire, dire si celui-ci est vrai ou faux ? Quelques années plus tard, Alan Turing précisa la notion de « procédé mécanique » avec la définition de sa machine, de sorte que la question peut maintenant se poser ainsi : y a-t-il une machine de Turing qui, après avoir lu un énoncé mathématique qu'on lui aurait soumis, finirait par nous dire si cet énoncé est vrai ou faux ?

Si une telle machine existait (nous l'appellerons MD, ou machine de Turing à décision), nous pourrions l'utiliser pour résoudre le problème de l'arrêt. Voici comment. Supposons que nous désirions savoir si la machine de Turing T va finalement s'arrêter, après été mise en marche avec un ruban d'entrée ne contenant que des zéros. On peut démontrer — mais les détails techniques sont longs et fastidieux — qu'il existe un énoncé *H* dans le langage formel de l'arithmétique, lequel, traduit en français, dit : « La machine de Turing T va finalement s'arrêter après avoir été mise en marche avec un ruban d'entrée ne contenant que des zéros ». Or on peut démontrer — mais les détails techniques sont longs et fastidieux — qu'il existe un énoncé *H* dans le langage formel de l'arithmétique, lequel, traduit en français, dit : « La machine de Turing va finalement s'arrêter après avoir été démarrée avec un ruban d'entrée ne contenant que des zéros. » Nous pourrions alors poser la question « Est-ce que *H* est vrai ? » à la MD, qui, tôt ou tard, serait tenue de répondre. À ce moment-là, nous saurions que T s'arrêtera en fin de compte (si la réponse de la MD est oui) ou qu'elle poursuivra sa marche pour toujours (si elle est non).

Comme le problème de l'arrêt ne peut être résolu, la MD ne peut pas davantage exister. Bref, il n'y a pas de test mécanique pour les vérités concernant les nombres naturels — encore moins pour les vérités mathématiques en général. Si les mathématiciens veulent découvrir la vérité, ils doivent emprunter un chemin plus difficile : la démonstration de théorèmes — ils ne peuvent s'attendre à ce que la machine fasse le travail à leur place.

LA LOGIQUE MÉCANIQUE

Une des choses qu'une machine de Turing peut faire est de vérifier la validité de certaines preuves mathématiques. Pour la vérification par la machine, une preuve présumée, disons de *S*, doit être écrite comme une suite $E_1, E_2, E_3,..., S$ d'expressions formelles — la dernière étant *S* — de sorte que chaque expression dans la séquence ou bien est un axiome ou bien peut être logiquement déduite des expressions qui la précèdent. Il faut faire remarquer qu'il s'agit ici d'une version condensée et formelle de notre idée intuitive de preuve, à savoir une chaîne de faits qui sont ou bien incontestablement vrais (les axiomes) ou bien sont les conséquences logiques de faits établis auparavant.

La machine de Turing vérificatrice (appelons-la MV) prend comme entrée une suite $E_1, E_2, E_3,..., S$ et donne comme sortie oui, si la séquence est une preuve (de *S*) et non si elle ne l'est pas. Écrire un programme pour MV est plutôt simple à l'exception d'un détail : il faut pouvoir dire à la machine, en un nombre fini d'instructions, comment reconnaître un axiome quand elle en voit un. Ceci peut se faire facilement s'il n'y a qu'un nombre fini d'axiomes — par exemple, en donnant à la machine, convenablement encodée, la liste complète de ceux-ci. Mais si les axiomes sont en nombre infini, l'existence de MV dépendra de notre aptitude à condenser l'information nécessaire pour détecter un axiome en un ensemble fini d'instructions.

Il nous faut aussi enseigner à MV comment vérifier si E_i découle logiquement de certaines des expressions $E_1, E_2, E_3,..., E_{i-1}$ qui la précèdent. Heureusement, des logiciens ont résolu ce problème pour nous depuis longtemps en réduisant l'inférence logique à l'application de quelques règles formelles très explicites. Ces règles sont tellement « mécaniques » qu'une machine de Turing peut les comprendre. Ainsi, en testant de façon séquentielle $E_1, E_2, E_3, ...,$ pour un axiome ou une conséquence logique, MV peut nous dire si oui ou non cette séquence est une preuve.

Pour résumer, une machine de Turing peut très bien vérifier la logique d'une preuve, mais elle peut avoir du mal à reconnaître les axiomes. Quand les preuves concernent des propositions arithmétiques, cette insuffisance s'avérera un obstacle insurmontable.

LES LIMITES DU RAISONNEMENT FORMEL

Nous pouvons maintenant répondre à l'une des questions de David Hilbert : l'arithmétique est-elle complète ? Ou, plus explicitement : y a-t-il un ensemble d'axiomes desquels peuvent être logiquement déduites toutes les vérités concernant les nombres naturels ? La réponse brève est non. C'est un jeune logicien autrichien qui révéla la mauvaise nouvelle en 1930, à peine trois ans après que Hilbert eut soulevé la question avec beaucoup d'espoir à Bologne. Dans un article qu'il présenta à l'Académie des sciences de Vienne, Kurt Gödel rendait publics ses résultats, maintenant connus sous le nom de premier théorème d'incomplétude de Gödel : aucun système formel d'axiomes n'est assez puissant pour prouver tous les énoncés arithmétiques vrais, si nous exigeons que la notion de preuve soit elle-même formelle, c'est-à-dire vérifiable par quelque « test mécanique » — un programme informatique, par exemple. (Il y a un deuxième théorème d'incomplétude, concernant la question de la cohérence.)

Dès sa publication en 1931, la découverte de Gödel suscita d'innombrables comptes rendus tant techniques que de vulgarisation : articles, essais et livres de mathématiciens et de philosophes parmi les plus compétents. Pourquoi encore essayer ? Parce que, comme l'écrivit Ivar Ekeland dans l'introduction à son excellent ouvrage *Mathematics and the Unexpected* : « [...] il y a encore quelque chose à dire, et que la même vieille histoire peut être racontée d'une autre façon »[5].

Laissons le jeune Gödel lui-même (il n'avait alors que 25 ans) nous présenter sa découverte :

> *Le développement des mathématiques vers une plus grande précision a conduit, comme tout le monde le sait, à la formalisation de certaines de leurs grandes zones, de sorte qu'un très petit nombre de règles mécaniques peuvent servir à la démonstration de n'importe quel théorème. Les systèmes formels les plus englobants qui aient été établis jusqu'ici sont celui des Principia Mathematica, d'Alfred Whitehead et Bertrand Russell, en 1925, d'une part, et le système axiomatique de la théorie des ensembles de Zermelo-Fraenkel (que J. von Neumann a développé davantage), d'autre part. La généralité de ces deux systèmes est telle qu'ils contiennent, déjà formalisées, toutes les méthodes de preuve utilisées aujourd'hui en mathématiques, c'est-à-dire qu'elles se ramènent à quelques axiomes et règles d'inférence. On pourrait alors présumer que ces axiomes et règles d'inférence suffisent à trancher toute question mathématique formellement exprimable dans ces systèmes. Nous verrons plus bas que tel n'est pas le cas, et qu'au contraire il y a dans les deux systèmes mentionnés des problèmes relativement simples dans la théorie des nombres entiers qui ne peuvent être tranchés sur la base des axiomes*[6].

La dernière phrase signifie qu'il y a des propositions *S* indécidables qu'on ne peut ni prouver ni réfuter, autrement dit ni *S* ni sa négation ne peuvent se déduire des axiomes — quoique l'un de ces deux énoncés soit nécessairement vrai. C'est en ce sens que les systèmes d'axiomes mentionnés par Gödel sont « incomplets » : parce que toutes les vérités arithmétiques ne peuvent pas en être logiquement dérivées.

Voici les grandes lignes de l'argument de Gödel. Grâce à l'utilisation d'une astucieuse méthode d'encodage, qu'on appellera plus tard le numérotage de Gödel, à chaque expression formelle peut être attribué un nombre naturel. Dès lors, des expressions formelles prétendant dire quelque chose au sujet des nombres naturels peuvent être également interprétées comme affirmant quelque chose à propos d'autres expressions formelles. Plus particulièrement, Gödel montre par un argument ingénieux l'existence d'une expression *G* qui affirme quelque chose à propos d'elle-même, assertion qui équivaut à peu près à ceci : « Je ne suis pas formellement démontrable ». Par conséquent, si *G* est fausse, alors un énoncé faux — *G* — peut se déduire des axiomes. Or nous devons évidemment exclure cette possibilité si nous voulons que notre formalisation soit cohérente. Donc, *G* doit être vraie : vérité arithmétique qui ne peut être logiquement déduite des axiomes.

Ainsi donc, contrairement à la croyance largement répandue, vérité et déductibilité sont deux choses différentes — conclusion riche de conséquences pour ceux qui s'intéressent à la philosophie des mathématiques. Toutefois, selon l'optique des formalistes, les énoncés mathématiques sont purement et simplement des chaînes de symboles sans interprétations, et de ce fait ne sont ni vrais ni faux. L'affirmation que la vérité n'est pas la même chose que la déductibilité est alors dénuée de sens ; car il n'y a pas vérité mais seulement déductibilité.

D'UN PROBLÈME INSOLUBLE À UN AUTRE

En un certain sens, si l'arithmétique n'est pas complète, c'est à cause de l'insolubilité du problème de l'arrêt. Mais nous pourrions présenter les choses autrement et dire que c'est l'incomplétude de l'arithmétique qui explique que le problème de l'arrêt n'a pas de solution. En fait, l'incomplétude et la question de l'arrêt constituent des problèmes équivalents. Par là, nous voulons dire qu'une solution de l'un peut servir à trouver la solution de l'autre, de telle sorte que l'un et l'autre soient résolubles ou aucun des deux ne le soit (ou ils coulent ensemble ou ils nagent ensemble).

En mettant en évidence cette interdépendance, nous allons exposer les grandes lignes d'une autre preuve du théorème de Gödel. Notre argument peut se résumer comme suit : la complétude de l'arithmétique entraînerait l'existence d'une MD (la machine de Turing à décision) ; or, comme nous l'avons déjà montré, il serait alors possible, grâce à une MD, de construire une (autre) machine de Turing qui, elle, pourrait résoudre le problème de l'arrêt — une machine qui ne peut exister. En une seule phrase : si l'arithmétique était complète, le problème de l'arrêt pourrait être résolu ; mais comme celui-ci ne le peut pas, nous devons conclure que celle-là non plus ne peut l'être.

Supposons que *A* soit un ensemble d'axiomes duquel toutes les vérités arithmétiques peuvent être dérivées par l'utilisation (formelle) des règles d'inférence. Voici une recette pour construire une MD. Pour décider si l'énoncé *S* dans le langage de l'arithmétique est vrai ou faux, nous alimentons MV (la machine de Turing vérificatrice) avec toutes les suites finies possibles $E_1, E_2, E_3, \ldots, E_n$, l'une après l'autre, d'expressions significatives. (Il existe certainement un nombre infini de telles suites, mais un argument standard montre qu'elles peuvent être systématiquement engendrées par une machine de Turing.) Rappelons-nous qu'une MV répondra « oui » si la suite d'entrée est une preuve (de la dernière expression E_n dans la suite), et « non » si elle ne l'est pas. Maintenant, ou *S* est vrai ou sa négation, non-*S*, l'est — ce que nous savions déjà, bien entendu. Étant donné que toutes les vérités peuvent être dérivées de *A*, il y a ou bien une preuve formelle de *S* ou une preuve formelle de non-*S*. Quel que soit le cas, cette preuve entrera tôt ou tard dans MV et suscitera une réponse affirmative. À ce moment-là nous saurons que *S* est vrai — si MV a trouvé une preuve de *S* — ou que *S* et faux — si MV a découvert une preuve de non-*S*.

LA MACHINE MIRACULEUSE N'EXISTE PAS

> Seul un profane inculte peut s'imaginer que
> les mathématiciens font des découvertes en
> faisant tourner la manivelle d'une machine miraculeuse.
> (GODFREY H. HARDY.)

Il existe certainement des ensembles d'axiomes à partir desquels peuvent être dérivées toutes les vérités arithmétiques. Par exemple, nous pouvons prendre comme axiomes l'ensemble de tous les énoncés vrais. Alors, toutes les vérités arithmétiques seraient (banalement) démontrables : une preuve de la vérité de *S* serait simplement *S* elle-même. Mais de tels ensembles complets ne sont pas reconnus par les machines de Turing; par conséquent, les preuves qui s'appuient sur eux ne peuvent être formalisées. Bref, aucun système axiomatique pour l'arithmétique ne peut être à la fois formel et complet. Pour Aubert Daigneault, mathématicien à l'Université de Montréal, Gödel a prouvé que, lorsque nous parlons de « nombres naturels », nous ne pouvons pas dire précisément ce dont nous parlons — ce qui signifie que nous ne pouvons pas décrire les nombres naturels par un ensemble d'axiomes explicites, « mécaniquement » vérifiables.

Pour vraiment mesurer le caractère définitif du coup de grâce que Gödel a porté au rêve épistémologique de Hilbert (celui de prouver toutes les vérités mathématiques à partir d'un simple ensemble d'axiomes), il faut comprendre toute l'importance de son théorème d'incomplétude. Car le jeune mathématicien autrichien a non seulement montré que certains systèmes particuliers sont incomplets, mais aussi que *chaque* système formel pour l'arithmétique s'avérera incomplet : il y aura toujours des vérités arithmétiques, exprimables dans le langage formel, qui ne sauront être prouvées formellement. Il est donc impossible de confiner la théorie des nombres — encore moins toutes les mathématiques — dans le cadre d'un système formel. Les mathématiciens devraient se sentir soulagés par la nouvelle que leur science ne peut pas se réduire, même en principe, à un jeu formel auquel les machines peuvent jouer.

UN PROBLÈME DE COLORATION

Malgré sa profondeur et son caractère définitif, le théorème d'incomplétude de Gödel reste un résultat théorique à propos des limites d'une entreprise particulière : la formalisation des preuves mathématiques. Résultat, après tout, dont les conséquences sont plus philosophiques que pratiques. Ce fut, pour certains, la fin d'un rêve qui leur rappelait étonnamment un autre rêve brisé, celui, entretenu par les scientifiques du XVIIIe siècle, de la croyance en un univers prévisible réglé comme une horloge selon les lois de Newton.

Mais la fin d'un rêve marque souvent le début d'une meilleure appréciation de la réalité. Tous les problèmes mathématiques n'ont peut-être pas de solution, mais la grande majorité d'entre eux en ont[7], et la vérité peut encore être découverte en dehors de la rigidité d'un système formel. Les mathématiques peuvent très bien être exemptes de contradictions, malgré l'absence d'une preuve de leur cohérence. Et même si une contradiction apparaissait, les ponts d'acier et de ciment dont la construction a utilisé des principes mathématiques ne s'effondreraient pas pour autant, comme Stanislaw Ulam l'a déjà noté (Ulam était un mathématicien polonais qui a travaillé avec les meilleurs scientifiques de son époque à Los Alamos, pendant la Seconde Guerre mondiale).

Nous avons déjà vu les faiblesses des ordinateurs numériques (même idéaux) dans la découverte de la vérité mathématique. Les ordinateurs ne peuvent être programmés pour prouver tous les théorèmes, mais, comme outils pour aider les mathématiciens dans certaines preuves, ils sont non seulement précieux mais parfois même pourraient être essentiels.

Le casse-tête mathématique connu comme le problème des quatre couleurs a eu une histoire longue et colorée[8]. Les écoliers depuis des siècles colorient des cartes dessinées sur des feuilles de papier en utilisant différentes couleurs pour peindre les pays limitrophes, et probablement sans jamais se soucier du nombre de couleurs dont ils ont vraiment besoin. Un coup d'œil sur la carte de l'Amérique du Sud révélerait que le Paraguay, la Bolivie, le Brésil et l'Argentine sont peints en couleurs différentes — comme il se doit, puisque chaque pays partage une frontière avec les trois autres. De sorte qu'il nous faut au moins quatre couleurs. En 1852, Francis Guthrie, étudiant au London University College, constata qu'une palette de quatre couleurs semblait suffisante pour colorier n'importe quelle carte ; il se demanda ensuite si sa thèse pouvait être démontrée mathématiquement (ça prend un étudiant pour demander une chose pareille !). La question avait paru réglée en 1879 lorsqu'Alfred Kempe, un avocat, proposa justement une telle preuve mathématique. Mais, onze ans plus tard, des mathématiciens découvrirent une faille dans son argumentation. La question de la conjecture des quatre couleurs était de nouveau posée. Pour résumer, disons simplement que le problème fut finalement résolu en 1976 par Kenneth Appel et Wolfgang Haken[9], deux mathématiciens de l'Université de l'Illinois. Mais leur preuve n'était pas une preuve traditionnelle « écrite sur papier » qu'un autre mathématicien aurait pu vérifier. Non seulement des parties de la preuve avaient été réalisées par une machine, mais sa validité elle-même ne pouvait être vérifiée qu'avec l'aide d'un ordinateur.

La recherche d'une preuve rigoureuse commence par la traduction du problème considéré en un langage mathématique. Premièrement, nous représentons chaque pays par un point ; puis on relie par une ligne chaque paire de points représentant des pays voisins. (Une clarification s'impose ici :

les pays voisins doivent partager une frontière qui n'est pas qu'un seul point, sinon il n'y aurait aucune limite au nombre de couleurs nécessaires. Pour vous en rendre compte, pensez à ces pays comme à des pointes de tarte découpées mais n'ayant pas encore été servies. Sans cette convention, deux tranches quelconques seraient voisines [leurs pointes se toucheraient] et donc nous aurions besoin d'autant de couleurs qu'il y a de tranches.) La carte originale est ainsi remplacée par un graphe (figure 2.3) et la coloration des pays par le coloriage des sommets. La condition selon laquelle les pays adjacents ne doivent pas partager la même couleur sera alors remplie si les sommets reliés par un côté sont « peints » en des couleurs différentes.

Nous appellerons pentachromatique un graphe qui ne peut être peint en moins de cinq couleurs. La fameuse hypothèse de Guthrie au sujet de la coloration des cartes peut maintenant être présentée dans les termes abstraits suivants : il n'existe aucun graphe pentachromatique. Or nous ne savons pas si des graphes pentachromatiques existent, mais supposons que ce soit le cas. Alors l'un d'entre eux, appelons-le *M*, doit avoir le plus petit nombre de sommets — autrement dit, aucun autre graphe pentachromatique n'a moins de sommets que *M*. Pour résoudre le problème des quatre couleurs, il suffit de prouver que *M* ne peut exister.

Dans la première partie de leur preuve, Appel et Haken ont construit une liste de 1834 petits graphes appelés configurations et ont prouvé, dans le sens traditionnel du terme, qu'au moins l'une d'entre elles doit nécessairement faire partie de n'importe quel graphe. Ensuite, leur programme informatique vérifia que chacune de ces configurations « inévitables » possédait une certaine propriété que le graphe pentachromatique minimal *M* ne pouvait posséder. En combinant l'argument des mathématiciens et les résultats de l'ordinateur, nous obtenons une preuve que la conjecture de Guthrie est fondée : quatre couleurs suffisent.

LA REVANCHE DE L'ORDINATEUR

La solution de Appel et Haken fut le premier exemple d'une preuve assistée par ordinateur. Elle comportait des résultats obtenus avec l'aide d'un ordinateur qui ne pouvaient pas être « manuellement » vérifiables, comme peuvent l'être les preuves mathématiques traditionnelles. En 1989, Herbert Wilf et Doron Zeilberger, tous deux de l'Université de Pennsylvanie, écrivirent un programme informatique qui démontre certaines identités combinatoires[10]. Ces identités sont essentiellement des équations qui affirment

FIGURE 2.3

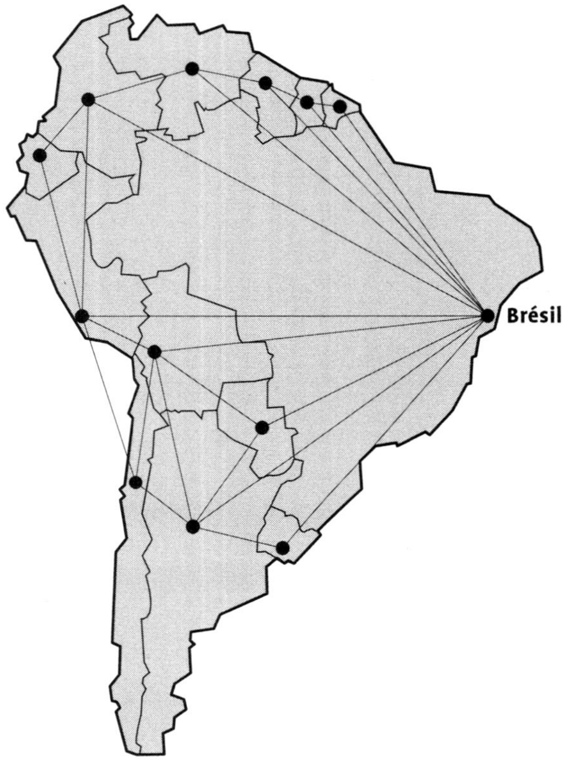

FIGURE 2. 3. Une carte de l'Amérique du Sud et son graphe. Chaque pays est représenté par un point; deux points sont reliés par une ligne si les pays correspondants ont une frontière commune.

que deux façons différentes de compter les objets dans un ensemble — l'une compliquée, l'autre simple — sont en fait égales. Mais les preuves de Wilf et Zeilberger ne dépendent pas vraiment de l'ordinateur, parce que les données de sortie de la machine peuvent être converties en une preuve ordinaire. En revanche, une preuve véritablement assistée par ordinateur ne nous laisse aucun autre choix que celui de croire l'ordinateur. Naturellement, une telle dépendance envers les machines pour régler une question purement mathématique — l'hypothèse des quatre couleurs, par exemple — en a troublé quelques-uns. Les mathématiciens n'ont pas l'habitude de se fier à une preuve de seconde main quand il s'agit de démontrer des théorèmes.

Quelques années plus tard, en 1988, un autre résultat controversé était annoncé. Un superordinateur Cray-1A avait résolu un problème mathématique très ancien, à savoir: existe-t-il un plan projectif d'ordre 10? Un plan projectif est fait de «points» et de certains ensembles de points appelés «droites». Le plan est d'ordre n s'il contient exactement n^2+n+1 points et autant de droites, et à condition que les quatre axiomes suivants soient satisfaits: chaque droite est faite de $n+1$ points; chaque point se situe sur $n+1$ droites; deux droites quelconques (distinctes) ont exactement un point en commun; deux points quelconques (distincts) se situent sur exactement une droite.

Certaines conditions sur n garantissent l'existence d'un plan projectif de cet ordre. Par exemple, si $n=p^m$, pour un nombre premier p et l'exposant $m=1, 2, 3,\ldots$, il y a toujours un plan projectif d'ordre n. D'autres conditions, si elles ne sont pas remplies par n, impliquent qu'il n'y a pas de plan d'ordre n. On savait depuis longtemps qu'il existe des plans projectifs de chaque ordre $n \leq 9$, excepté $n=6$. Le plus petit ordre n pour lequel l'existence ou la non-existence d'un plan projectif restait un problème ouvert était $n=10$.

Ce qui rend l'ordinateur particulièrement adapté à la recherche de plans projectifs, c'est le fait qu'un plan projectif peut être concrètement représenté comme une matrice binaire (cette matrice «d'incidence» a un 1 dans la $i^{\text{ième}}$ ligne et la $j^{\text{ième}}$ colonne précisément si le $j$ième point se situe sur la $i^{\text{ième}}$ droite). De cette manière, la recherche d'un plan hypothétique d'ordre 10 devient la chasse à un treillis de 0 et de 1 avec 111 ($=10^2+10+1$) lignes et autant de colonnes, remplissant certaines conditions. Par exemple, chaque ligne doit contenir 11 uns et 100 zéros, pour refléter le fait que chaque droite est constituée de 11 points; il doit y avoir aussi exactement 11 uns dans n'importe quelle colonne (puisque chaque point doit se situer sur 11 droites).

Un rapide calcul montre qu'un examen direct par ordinateur, cas par cas, de toutes les matrices binaires 111 par 111 doit être exclu, parce qu'elles sont beaucoup trop nombreuses. Même sur un superordinateur capable d'effectuer un billion (10^{12}) d'opérations par seconde, le travail prendrait environ 10^{3680} années pour être mené à terme. L'énormité d'un tel nombre est difficile à saisir. Sous forme décimale, 10^{3680} s'écrit 1 suivi de 3680 zéros, alors que l'estimation généreuse de l'âge de l'univers est (selon une théorie cosmologique en vogue) un « petit » 20 milliards (2×10^{10}) d'années, ou 2 suivi de 10 zéros. Clement Lam, Larry Thiel et Stanley Swiercz de l'Université Concordia à Montréal en sont arrivés, par des arguments théoriques, à réduire le nombre de matrices à une taille plus raisonnable (mais toujours astronomique). Puis, ils ont écrit une série de programmes pour que l'ordinateur prenne la relève dans cette recherche. Lorsque la machine eut achevé son calcul sans trouver de matrice avec les caractéristiques requises, les trois chercheurs en conclurent qu'aucun plan projectif d'ordre 10 ne pouvait exister. S'il y en avait un, l'ordinateur l'aurait trouvé, est en substance leur argument[11]. Or une vérification « manuelle » de la recherche infructueuse de l'ordinateur était, évidemment, hors de question. Pas étonnant qu'une telle « preuve » ait laissé beaucoup d'experts sceptiques et le public en général perplexe. Même le *New York Times* entra dans le débat : « Une preuve mathématique est-elle une preuve si personne ne peut la vérifier ? » titrait un article paru le 20 décembre 1988.

L'emploi des ordinateurs dans les preuves introduit un élément d'incertitude dont les mathématiciens, contrairement à ceux qui travaillent en sciences expérimentales, n'ont pas l'habitude, et qu'ils seraient réticents à accepter. Dans ce contexte, l'ordinateur est en fait une extension de l'esprit du mathématicien, exactement comme le télescope et le radiotélescope sont des extensions des sens du physicien. Comme le suggèrent les exemples ci-dessus, certaines propositions ne pourraient être prouvées qu'à l'aide de cette extension ; dans de tels cas, la machine devient le partenaire indispensable du mathématicien. Ainsi, malgré leurs limites théoriques, la participation des ordinateurs numériques à la recherche de la vérité mathématique pourrait encore s'avérer incontournable.

Notes

1. C. Reid, *Hilbert*, Berlin-Heidelberg, Springer-Verlag, 1970.

2. E. Nelson, « Taking Formalism Seriously », *The Mathematical Intelligencer*, 15, no 3 (1993), pp. 8-11.

3. F. Klein, *Elementary Mathematics from an Advanced Standpoint*, New York, The Macmillan Company, 1932.

4. C. Reid, *Hilbert*, p. 174.

5. I. Ekeland, *Mathematics and the Unexpected*, Chicago (il), University of Chicago Press, 1988.

6. K.Gödel « On formally undecidable propositions of *Principia Mathematica* and related systems i » (trad. anglaise), dans J. Van Heijenoort (éd.), *From Frege to Gödel, a Source Book in Mathematical Logic, 1879-1931. A Collection Of Original Articles*, Cambridge (ma), Harvard University Press, 1967. Traduction française de l'ouvrage de Gödel : *Le théorème de Gödel* (trad. J.-B. Scherrer), Paris, Seuil, 1989.

7. Au sujet de l'existence de problèmes insolubles, on sait depuis l'époque de Gödel qu'il existe des propositions indécidables dans l'arithmétique ordinaire. Cependant, la plupart d'entre elles sont des constructions abstraites, sans aucune signification mathématique. Depuis 1931, les mathématiciens ont cherché un exemple strictement mathématique d'une proposition indécidable, une proposition qui soit mathématiquement simple et intéressante et ne requière pas le codage numérique de notions d'ordre logique. Les premiers exemples de cette sorte n'ont été trouvés qu'en 1977. Le plus frappant parmi ceux-ci était un théorème relativement naturel de combinatoire finie, simple extension du théorème fini de Ramsey (voir J. Paris et L. Harrington, « A Mathematical Incompleteness in Peano Arithmetic », dans J. Barwise (éd.), *Handbook of Mathematical Logic*, Amsterdam, North-Holland, 1977). Dans un article beaucoup plus récent, on montre que, d'un point de vue topologique, l'ensemble des propositions dont on ne peut prouver la vérité dans un système axiomatique constituent l'immense majorité (C. Calude, H. Juergensen et M. Zimand, « Is Independence an Exception ? », *Applied Mathematical Computing*, 66 (1994), pp. 63-76).

8. Le reste de cette section et la section suivante s'inspirent de l'article de l'auteur « The Burden of Proof is on the Computer », dans *New Scientist*, vol 129, no 1757 (1991), pp. 38-40.

9. K. Appel et W. Haken, « Every Planar Map is Four-Colorable », *Bulletin of the American Mathematical Society*, vol. 82 (1976), pp. 711-712.

10. H. S. Wilf et D. Zeilberger, « Rational Functions Certify Combinatorial Identities », dans *Journal of the American Mathematical Society*, janvier 1989.

11. C. W. H. Lam, L. Thiel et S. Swiercz, « The Non-Existence of Finite Projective Planes of Order 10 », *Canadian Journal of Mathematics*, vol xli, no 6 (1989), pp. 1117-1123.x

Troisième partie

LES SOLUTIONS NATURELLES

chapitre 5

LES AVANTAGES DES RÉSEAUX

> Calcul souple, calcul réel, etc., sont des noms courants de certaines formes de traitement de l'information dont les formes originelles sont tirées de la biologie. La logique floue et probabiliste, les réseaux de neurones, les algorithmes génétiques, de leur côté, renvoient à différents formalismes théoriques par lesquels des modèles informatiques et des algorithmes peuvent être définis pour accomplir ces tâches.
>
> TEUVO KOHONEN[1]

QU'EST-CE QU'UN RÉSEAU DE NEURONES ?

Lorsque nous avons évoqué plus haut l'importance des réseaux de neurones, nous n'avons pas fait allusion aux assemblages biologiques de cellules nerveuses qu'on trouve dans les organismes vivants. Ces réseaux naturels accomplissent un grand nombre de tâches complexes, depuis la reconnaissance des sons et des images jusqu'à la mémorisation et à la prise de décision. L'exemple par excellence est le cerveau humain, lequel d'ailleurs est bien plus qu'un simple réseau ou même un réseau de réseaux.

Étant donné que les réseaux biologiques emmagasinent et traitent l'information, ils exécutent un genre de calcul dont les caractéristiques principales sont une interconnexion massive d'éléments simples—les neurones—et la faculté de s'auto-modifier par un processus semblable à de l'apprentissage. C'est cette capacité de calcul que les modèles artificiels cherchent à reproduire.

Un réseau de neurones artificiel apparaît d'abord comme une sorte de graphe, une notation commode pour représenter certaines opérations sur des données numériques. Des nœuds symbolisant les unités de calcul de base sont reliés par des lignes qui représentent le flot de l'information ou des données (figure 3.1). D'un point de vue mathématique, un réseau de neurones donné calcule une certaine application ou fonction f; autrement dit, il associe aux données d'entrée, généralement un vecteur $(x_1, x_2,..., x_n)$ numérique, une donnée de sortie $f(x_1, x_2,..., x_n)$ qui, elle aussi, est numérique. Dès lors, on peut voir dans le réseau une manière de définir l'application f, lorsqu'il ne semble pas possible de la spécifier d'une autre façon. Pour paraphraser Marshall McLuhan, le réseau est alors l'application. Les réseaux de neurones sont donc, à l'origine, des objets mathématiques. S'ils sont mis en œuvre en tant qu'algorithmes, en tant que circuits électroniques ou en tant que réseaux physiques formés de cellules interconnectées, on parle alors de ces systèmes comme de réseaux de neurones. Mais puisque ces réseaux «réels» sont des réalisations concrètes de réseaux idéaux, ces derniers deviennent le véritable objet d'investigation.

La création de réseaux de neurones artificiels s'inspire peut-être de la nature, mais la performance qui en résulte est encore loin d'équivaloir celle que l'on retrouve dans la réalité. Toutefois, les modèles artificiels fournis-

FIGURE 3.1

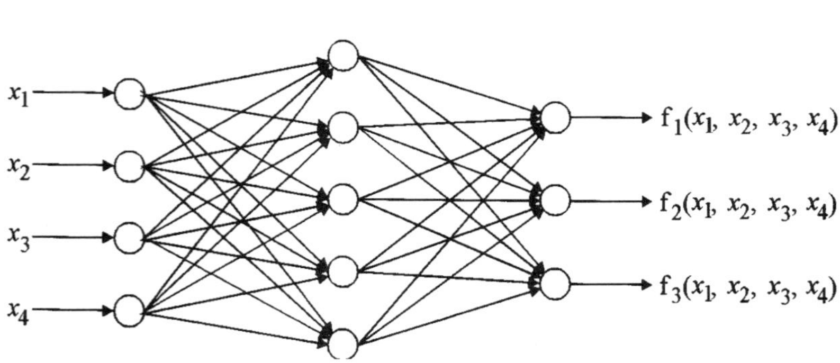

FIGURE 3. 1. Un réseau de neurones sur papier.

sent une solution de rechange aux méthodes de calcul classiques pour résoudre certains types de problèmes, surtout là où un procédé de solution exacte est inconnu, voire impossible à encoder en tant que programme. Un exemple typique de ce genre de problèmes est la classification des structures. Celle-ci comprend la reconnaissance des sons et des images, ainsi que beaucoup d'autres situations. À cet effet, on peut considérer un fichier informatique comme une configuration (*pattern*), la classification consistant à déterminer si le fichier est « propre » ou s'il a été attaqué par un virus informatique. Le réseau de neurones ayant été « entraîné » (comme on l'expliquera plus loin) à reconnaître les fichiers infectés parmi ceux qui figurent dans un ensemble d'apprentissage, on peut s'attendre à ce qu'il détecte aussi de nouveaux fichiers contaminés qui se présentent à lui. (Cet exploit aura été accompli sans que nous ayons eu à préciser ce qu'est un virus informatique.) Cette approche n'est pas différente de celle adoptée dans le dressage des chiens en vue de la détection des drogues. Le chien finit par apprendre à reconnaître une odeur comme étant celle d'une « drogue » sans qu'on lui en ait jamais fourni une définition exacte. Cette faculté d'apprendre par les exemples est également présente dans les réseaux de neurones lorsqu'ils sont utilisés comme classificateurs.

De même qu'il y a un grand nombre de genres d'automobiles ou d'horloges, de même il existe une grande variété de réseaux de neurones. Des choix arbitraires président à toute tentative pour les classer. Parmi les nombreuses possibilités, nous avons choisi de distinguer entre les réseaux de propagation, ou réseaux ordinaires, et les réseaux de rétroaction. Les premiers agissent sur certaines données d'entrée et, après avoir accompli une série d'opérations, produisent une donnée de sortie ; dans les derniers, les réponses des neurones sont connectées — alimentées en retour — au réseau. On décrit mieux les réseaux de rétroaction en les assimilant à des systèmes dynamiques ayant des « états » et des « transitions ». Pour une entrée donnée, le réseau traverse une séquence d'états, à des intervalles de temps discrets ou de façon continue. Quand — et si — le réseau atteint un certain état stable, cette dernière configuration est considérée comme étant la réponse du réseau. Dans la partie qui va suivre, nous allons analyser surtout les réseaux de propagation, nous réservant le soin de traiter des réseaux de rétroaction dans une autre section.

Les deux types de réseaux sont composés d'unités de calcul interconnectées appelées neurones (artificiels), lesquels imitent le comportement des neurones biologiques — ou tout au moins prétendent le faire. La première tentative pour donner une définition d'un neurone synthétique remonte à 1943. Dans leur célèbre article « A Logical Calculus of the Ideas Immanent in Nervous Activities » [« Un calcul logique des idées immanentes dans les activités nerveuses »][2], W. S. McCulloch et W. Pitts énoncèrent une élégante définition mathématique d'un neurone ayant *n* données d'entrée binaires et une seule donnée de sortie binaire. Organisés en réseaux, ces éléments de base pouvaient calculer des fonctions logiques simples (c'est-à-dire des fonctions booléennes).

Plus d'une décennie plus tard, F. Rosenblatt introduisit le *perceptron*[3], précurseur de beaucoup de modèles de réseaux de neurones actuels. La principale motivation de Rosenblatt pour la mise au point du perceptron fut de fournir un modèle à certaines fonctions des systèmes biologiques, et, plus spécialement, de modéliser la façon dont ces systèmes mémorisent et retrouvent l'information, ainsi que la façon dont l'information enregistrée agit sur la reconnaissance et le comportement. Rosenblatt était convaincu que les réseaux de neurones (les vrais), avec leurs myriades d'interconnexions aléatoires, ne pouvaient pas être représentés convenablement par la logique symbolique et l'algèbre de Boole. Son modèle par conséquent était un modèle probabiliste, destiné à fournir une analyse mathématique de l'organisation globale du réseau nerveux. Toutefois,

FIGURE 3.2

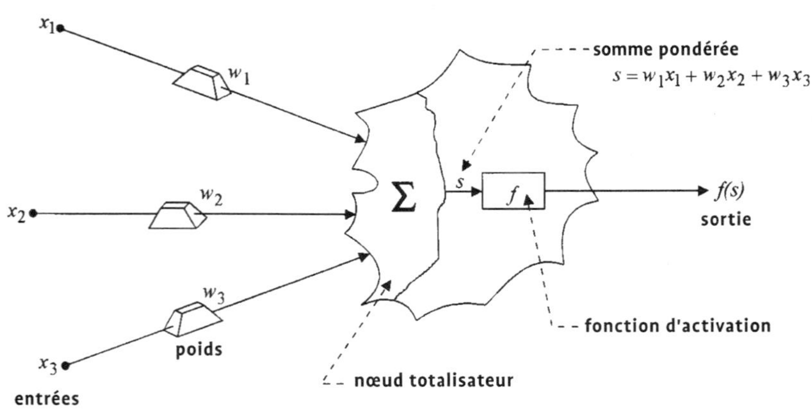

FIGURE 3. 1. Le modèle d'un neurone artificiel.

Rosenblatt était très conscient que son modèle ne représentait que des simplifications extrêmes du système nerveux central.

DU NEURONE BIOLOGIQUE AU NEURONE ARTIFICIEL

Il y a deux sortes de neurones artificiels à partir desquels sont construits la plupart des réseaux. Les deux modèles diffèrent surtout par le type de données qu'ils peuvent traiter, ces données pouvant être soit binaires soit continues. Dans le premier cas, plusieurs nombres binaires — bisons, x_1, x_2 et x_3, — entrent dans le neurone artificiel comme données d'entrée (voir la figure 3.2). Prenant pour guide la cellule nerveuse biologique, ces nombres peuvent être interprétés comme des signaux envoyés au neurone par d'autres neurones. Après un bref intervalle, le neurone biologique va répondre à l'ensemble de ses données d'entrée en émettant une impulsion neuronale. Dans notre modèle mathématique, l'ensemble des données d'entrée est représenté par la somme pondérée

$$S = w_1\, x_1 + w_2\, x_2 + w_3\, x_3$$

où les « poids » w_1, w_2, et w_3, qui peuvent être n'importe quels nombres réels, mesurent la force de la connexion de chaque donnée d'entrée au corps du neurone. Ces nombres sont aussi appelés poids synaptiques — de *synapse,* qui est le nom de l'organe de contact en biologie.

Pour que se produise l'émission du neurone biologique, les données d'entrées combinées doivent excéder une valeur critique. Dans le neurone artificiel, une valeur critique type est zéro, si bien que celui-ci « émet », c'est-à-dire produit, la valeur de sortie $f(s) = 1$, si s est plus grand que zéro ; autrement, il n'émet pas ($f(s) = 0$). La fonction f est appelée fonction d'activation du neurone (figure 3.3(*a*)).

Un neurone continu admet n'importe quel nombre réel comme donnée d'entrée et peut répondre avec n'importe quel nombre entre 0 et 1 en tant que donnée de sortie — une échelle continue de valeurs ou réponse graduée. L'activation $f(s)$ du neurone continu est aussi une fonction de la somme pondérée s. Son graphe (figure 3.3 (*b*)) est une sorte de version adoucie du graphe de la figure 3.3 (*a*). Un choix fréquent de f est

$$f(s) = \frac{1}{1 + e^{-s}}$$

FIGURE 3.3

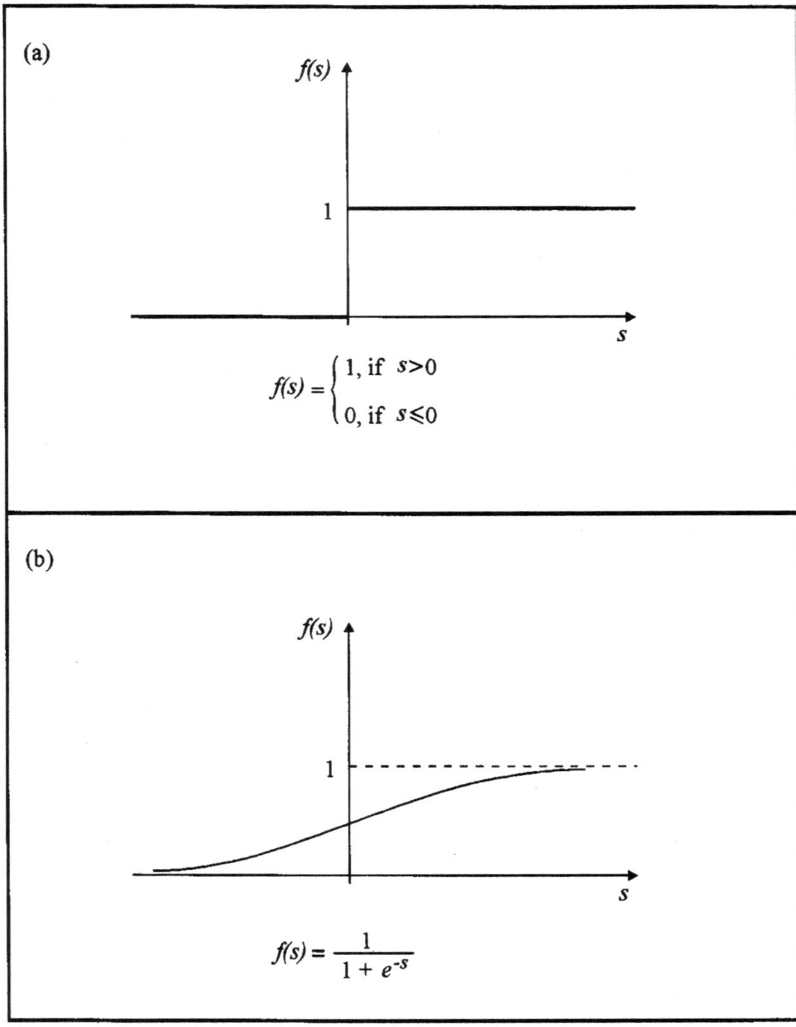

FIGURE 3.3. Les fonctions d'activation des neurones. (a) binaire ; (b) continue.

connu sous le nom de *sigmoïde* ; cependant, toute fonction, continue et croissante, qui prend des valeurs entre 0 et 1 peut servir de fonction d'activation.

Pour résumer, le neurone binaire et le neurone continu calculent la fonction $y=f(w_1x_1+w_2x_2+...+w_nx_n)$ pour des données d'entrée $(x_1, x_2,...,$

x_n), accomplissement plutôt modeste après tout. Considérons alors une seule cellule nerveuse à l'état isolé. Aurait-on pu imaginer ce qui se produit lorsque des millions de ces cellules primitives sont interconnectées? Par lui-même, un neurone artificiel élémentaire ne peut pas arriver à grand-chose. Ce n'est que lorsque beaucoup de ces unités fondamentales de calcul sont mises ensemble qu'apparaissent de nouvelles propriétés totalement inattendues et potentiellement utiles. John Hopfield, pionnier du calcul neuronal, a bien fait ressortir ce point dans son article décisif de 1982 (sur lequel nous reviendrons plus loin)[4]: «Une bonne partie de l'architecture des régions cérébrales des animaux supérieurs doit être constituée d'une prolifération de circuits locaux simples aux fonctions bien définies. Le pont entre les circuits simples et les propriétés de calcul complexes des systèmes nerveux plus développés peut être l'apparition spontanée de nouvelles capacités de calcul à partir du comportement collectif d'un grand nombre d'éléments simples de traitement.»

LES RÉSEAUX COMME ALGORITHMES OUVERTS

Si nous voulons résoudre un problème sur un ordinateur numérique, il faut fournir à celui-ci une stratégie de solution sous forme d'instructions précises, à savoir un programme. L'une des caractéristiques essentielles du calcul neuronal est l'absence d'un tel ensemble fixe de commandes. Cela étant, on peut voir un réseau de neurones comme un programme incomplet, ou algorithme «ouvert», dans le sens où certains paramètres numériques—les poids—ne sont pas précisés par le programmeur. Les poids sont calculés pendant une «phase d'entraînement», un procédé graduel qui requiert certaines données (l'ensemble d'entraînement) et un autre programme (l'algorithme d'apprentissage). Au cours de la phase d'entraînement, le réseau «apprend» à répondre d'une certaine façon aux données qui lui sont présentées. Des termes tels qu'«entraînement» et «apprentissage» pourraient laisser croire que l'on est en présence d'un processus semblable à celui de l'apprentissage animal ou humain; en réalité, il ne s'agit que de pures analogies, fort pratiques mais plus ou moins trompeuses. Ce que les praticiens des réseaux de neurones appellent «apprentissage» n'est, en fait, qu'un «calcul», aussi éloigné de l'apprentissage humain réel que peut l'être d'un neurone biologique un neurone mathématique.

La raison pour laquelle les poids ne peuvent pas être précisés d'emblée est qu'on ne dispose normalement d'aucun indice de nature causale, autrement dit, on ne sait pas quels effets les différentes valeurs de poids ont sur le calcul du réseau. Cet état de choses résulte de l'essence même des réseaux de neurones, lesquels sont fondamentalement des « boîtes noires » dont le comportement est en grande partie imprévisible. L'utilisateur peut sélectionner l'« architecture » du réseau — le nombre et le type de neurones, la façon dont ils sont interconnectés et ainsi de suite -, mais les poids ne peuvent pas, en général, être établis rationnellement ou même devinés : ils ne peuvent qu'« être appris » (une exception remarquable est le réseau de rétroaction de Hopfield — le sujet d'une section à venir — dont les poids sont établis d'avance).

Cette approche de résolution des problèmes par la boîte noire comporte des inconvénients, car il est presque impossible de faire appel à notre intuition comme nous le faisons pour écrire ou modifier un programme informatique — par exemple pour réparer un bogue. Mais elle comporte un avantage évident, qui est de pouvoir faire exécuter au réseau des tâches qu'on ne pourrait pas transcrire sous une forme algorithmique explicite.

Ramené à l'essentiel, un réseau de neurones transforme des données d'entrée en données de sortie ; sous cet angle, il s'agit d'un appareil de calcul. L'entrée comme la sortie sont généralement des chaînes finies $[x_1, x_2,..., x_n]$ de nombres appelées *vecteurs à n dimensions*. Les nombres x_i peuvent varier sur un certain intervalle, par exemple $-1 \leq x_i \leq 1$, auquel cas nous parlons de données continues, ou ils peuvent ne prendre que deux valeurs, telles que 0 et 1 (données binaires). Le type de données utilisées dépend de l'objet du calcul. Ceci nous amène à la question pratique de savoir de quoi est vraiment capable un réseau de neurones.

LA RECONNAISSANCE DES CONFIGURATIONS

Les réseaux de neurones sont très efficaces pour effectuer des tâches de classification et de reconnaissance de configurations. Une configuration (*pattern* en anglais) est un concept très général qui inclut aussi bien des images que des sons, voire des formes telles que les caractères d'imprimerie (lettres, chiffres ou signes de ponctuation). Prenons comme exemple un ensemble de 95 caractères d'imprimerie. Chacun de ceux-ci peut être représenté physiquement comme une grille rectangulaire appelée *grille de pixels*. Si une grille de 7×10 est utilisée, alors chacune des 70 positions peut être noire ou blanche (figure 3.4). Ce qui offre une quantité astronomique de configurations possibles de points, alors que nous n'en avons besoin

FIGURE 3.4

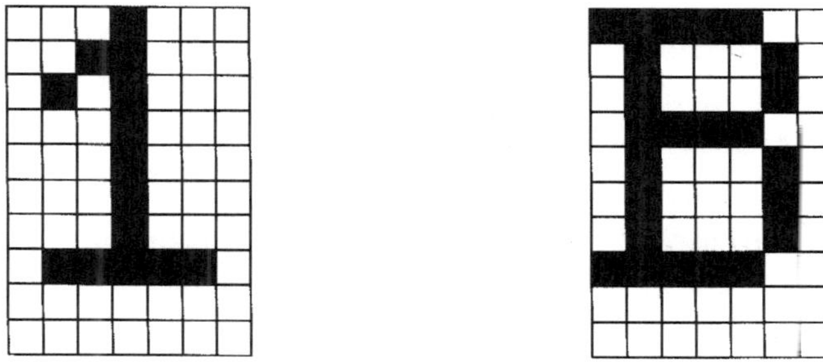

FIGURE 3.4. Grilles de pixels. Caractères typographiques sur matrice de points (à 7 colonnes et 10 lignes) tels que définis par Apple Computer en 1986.

que de 95 pour représenter nos caractères d'imprimerie. Pour le traitement par le réseau, un caractère est encodé comme une chaîne de 70 bits, soit un vecteur binaire, un 1 ou un 0 signifiant dans une position donnée que le point correspondant sur la grille des pixels est noir ou blanc. Le réseau de neurones possède alors 70 neurones d'entrée, un pour chaque position de bit (ou pixel) et 95 neurones de sortie, correspondant aux 95 « classes » de caractères (ceci est une situation plutôt spéciale — dans la plupart des problèmes de classification, une classe sera composée de plus d'une structure). Le reste des neurones dans le réseau, les soi-disant neurones « cachés », est utilisé uniquement pour les besoins du calcul.

Lorsqu'un caractère encodé comme un vecteur binaire de dimension 70 se présente au réseau de neurones, celui-ci répond en donnant la valeur 1 à exactement un de ses 95 neurones de sortie, signalant ainsi le résultat de la classification. De cette manière, le réseau associe — correctement ou incorrectement — chaque caractère typographique à une « classe ». Pendant l'étape d'entraînement, le réseau de neurones « apprend » les bonnes associations, un peu à la manière d'un enfant qui reconnaît ses fiches (ceci est un chien, un chat, etc.) sous la supervision d'un instituteur. Les 95 caractères (l'ensemble d'entraînement) sont fournis au réseau un par un. Le réseau répond en retournant un nombre de classe pour chacun d'entre eux. Chaque fois qu'un caractère est mal classé, l'algorithme d'apprentissage règle les poids de telle façon que la probabilité d'une bonne classification augmente la fois suivante (ce qui comporte l'usage intelligent de techniques mathématiques, comme nous l'expliquerons par la suite). Le cycle d'entraînement continue jusqu'à ce que le réseau reconnaisse correctement tous les caractères. Ceci peut requérir que l'ensemble d'entraînement soit présenté au réseau des centaines sinon des milliers de fois. Les valeurs des poids à la fin de l'entraînement seront adoptées définitivement, et le réseau sera alors prêt à fonctionner.

Il est à noter ici qu'au niveau le plus abstrait, il n'y a en jeu ni pixels ni caractères ou classes. Le réseau calcule tout simplement une fonction ; autrement dit, à chaque vecteur binaire de dimension 70 (l'entrée), il associe un vecteur particulier de dimension 95 (la sortie). C'est notre interprétation qui donne sa signification au calcul. Par conséquent, *nous* voyons, ou interprétons, chaque entrée comme un pixel noir ou blanc et le vecteur d'entrée (c'est-à-dire les 70 pixels considérés dans un certain ordre) comme un caractère d'imprimerie. De la même façon, le neurone de sortie qui est « allumé » (avec la valeur 1) nous indique quel caractère d'entrée le réseau a — exactement ou pas — reconnu. Finalement, c'est nous qui voyons ce calcul particulier comme un processus de classification.

Dans l'exemple ci-dessus, qui est basé sur une application réelle[5], le réseau finit par apprendre à classer correctement chaque configuration d'entrée. Ceci n'est peut-être pas surprenant, étant donné que les membres de chaque classe peuvent être exactement définis. Dans une situation encore plus typique, il y a aura des configurations dont les classes seront très difficiles — voire impossibles — à déterminer, même par un classificateur humain. Tel est le cas lorsque les configurations sont les chiffres écrits à la main figurant dans les codes postaux. Même si ces chiffres peuvent être représentés d'une manière ou d'une autre comme des grilles de pixels, il est impossible de dire précisément quelle configuration de points correspond aux différentes manières que les gens ont d'écrire, par exemple, le chiffre « 5 ». Dans ces circonstances, on ne peut s'attendre à ce qu'un réseau de neurones — ni aucun autre classificateur, d'ailleurs — puisse accomplir une classification avec un taux de réussite de 100 %. Heureusement, un autre caractère utile du calcul neuronal entre en jeu ici : la capacité d'un réseau de neurones à « généraliser ». Ceci veut dire, en quelque sorte, que, si un réseau de neurones a appris à classifier un grand nombre de configurations échantillons qui soient, en un certain sens, typiques, on peut s'attendre à ce qu'il classifie ensuite correctement des configurations nouvelles, inconnues — du moins la plupart du temps.

Notre prochain exemple comporte une tâche qui déconcerte même les experts : celle de préciser si oui ou non un programme informatique a été contaminé par un virus.

DES VIRUS ET DES HOMMES

La métaphore est une des meilleures alliées de l'écrivain scientifique. Lorsqu'elle est utilisée judicieusement, elle peut servir à accroître la compréhension d'un concept difficile et à créer dans l'esprit du lecteur une impression qu'il n'oubliera pas de si tôt. Mais cette alliée de l'écrivain peut facilement se transformer en ennemi pernicieux. Les métaphores causeront plus de tort que de bien si elles sont mal choisies, si on abuse d'elles ou si l'auteur les étire trop loin — ou encore si le lecteur les confond avec la chose même.

Quand il s'agit du mauvais fonctionnement d'un ordinateur, la distinction entre métaphore et réalité s'efface presque totalement — pour le meilleur et pour le pire. Quand la tragédie frappe, un disque dur ou la mémoire de l'ordinateur cessent d'être des objets inanimés pour devenir des organismes vivants qui ont été « infectés » par un « virus ». Ainsi, une disquette « infectée » peut répandre « l'agent pathogène » et faire en sorte que des logiciels alors en bonne santé « attrapent la maladie ». L'« attaque virale », qui peut prendre des proportions « épidémiques », ne pourra être enrayée qu'après que le virus ait été « isolé » et « disséqué » pour étude, et qu'un « remède » ait été finalement trouvé. Le fameux virus de Jérusalem, par exemple, qui est apparu en Israël à la fin de 1987, fut présenté par la presse comme étant un virus « assassin ».

En fait, un virus informatique, terme inventé par Adleman au début des années 80[6], est la section d'un programme qui contient des instructions pour l'autoreproduction et qui est capable d'attacher des copies d'elle-même à d'autres programmes ou régions d'un disque. Le fameux virus de Jérusalem se copie d'abord lui-même sur la mémoire lorsqu'un programme où il « vit » est exécuté, et de là il infecte tout programme ultérieurement exécuté par le système hôte. Ces programmes infectés peuvent eux-mêmes se propager de la même façon et finir par contaminer d'autres systèmes informatiques. Les conséquences désagréables d'une attaque virale peuvent aller d'un écran qui défile à la perte de tout le contenu du disque dur, et provoquer la paralysie temporaire — ou permanente, si rien n'est fait — du système de la victime.

Il est vrai que les similitudes entre le virus biologique et sa contrepartie électronique sont frappantes. Les deux s'attachent à un individu (organisme ou ordinateur) et, dans le processus de reproduction, bouleversent les fonctions vitales de leurs hôtes : destruction des cellules ou même de la vie, dans un cas ; perte de données, de programmes et de la faculté de fonctionner convenablement, dans l'autre. Tandis que la plupart des virus sont spécifiques à une certaine population (les singes ou les fichiers DOS), d'autres ont la capacité de sauter la barrière des espèces (du singe à l'homme — comme ce fut le cas du virus du sida — ou du DOS aux logiciels Macintosh). Les virus qui causent le plus de dommages aux ordinateurs sont (heureusement) ceux qui sont le moins enclins à se répandre, exactement comme les souches mortelles de virus sont rares tandis que celles qui sont relativement inoffensives — le virus du rhume, par exemple — sont très répandues. Une autre caractéristique commune est la nature aveugle de leurs attaques : une fois lâchés, les virus biologiques comme les virus électroniques frappent n'importe quelle victime potentielle qui se trouve sur leur chemin.

L'analogie ne tient plus lorsqu'on considère les motivations présentes derrière un tel comportement destructeur. Malgré tous leurs effets dévastateurs, les virus biologiques ne sauraient être accusés de méchanceté ; les virus informatiques, en revanche, sont créés et propagés délibérément par des personnes tout à fait conscientes de leur perfide dessein.

LES CHASSEURS DE VIRUS

De la Californie à l'Islande, une petite armée d'hommes et de femmes dévoués travaille sans cesse à contrebalancer les effets du fléau que constituent les virus électroniques. Ce sont les chasseurs de virus, une communauté internationale unie dans sa lutte pour déceler et neutraliser ce fléau. Pour ce faire, ils ont principalement recours à des méthodes traditionnelles qui s'appuient sur l'analyse de chaque nouveau virus par des experts. Mais, dans quelques années, cette approche cas par cas sera trop lente pour faire face aux nouveaux virus qui se répandent rapidement dans les réseaux mondiaux comme l'Internet. Il faudra alors que la réponse à une alerte soit beaucoup plus rapide, plus automatique, plus générique.

Dans sa recherche sur les techniques futures de protection contre les virus, une équipe du High Integrity Computing Laboratory du Thomas J. Watson Research Center de IBM s'est tournée vers la nature pour essayer d'y trouver l'inspiration. Puisque les virus des ordinateurs ressemblent aux virus réels à bien des égards, les experts ont cherché des éléments de solution dans les mécanismes de défense que les organismes vivants ont développés contre les maladies. En exploitant cette approche « biologique », l'équipe dirigée par Steve White et Jeffrey Kephart a mis au point un détecteur de virus basé sur un réseau de neurones. La technique fut plus tard incorporée à un produit commercial : le logiciel AntiVirus de IBM.

Tous comme les personnes malades, les ordinateurs infectés ont besoin, pour recouvrer la santé, d'une assistance spécialisée. Un expert dans la lutte contre les virus doit d'abord désassembler le code du virus pour découvrir comment il fonctionne et ce qu'il fait précisément. Puis, il sélectionne une « signature », ou courte séquence du code (de 16 à 32 octets de long), qui représente une portion des opérations du virus (instructions pour l'autoreproduction ou autre activité suspecte, par exemple) qui sont caractéristiques de l'intrus mais qui ont peu de chances de se retrouver dans le programme normal d'un ordinateur. Cette information peut ensuite être encodée sur des scanneurs de virus, lesquels sont des programmes qui testent des fichiers, de la mémoire et d'autres emplacements pour la présence de virus.

La détection d'un virus dans un système est normalement suivie d'un processus de désinfection pour restaurer dans leur état originel les programmes contaminés. Un grave inconvénient de ces mécanismes de balayage et de réparation est que leur application est limitée aux virus connus, ou à leur variantes. Pour cette raison, les scanners et *désinfecteurs* actuels requièrent de fréquentes mises à jour, de nouveaux virus étant constamment découverts. Une fois qu'elle est détectée, chaque souche particulière de virus doit être analysée, afin d'extraire l'information qui va la neutraliser, opération qui peut prendre plusieurs jours.

L'équipe de IBM reconnaît que l'idée de se servir d'analogies biologiques pour défendre les ordinateurs contre les virus n'est pas nouvelle — W. H. Murray avait proposé une approche semblable en 1988[7] -, mais elle prétend avoir été la première à prendre l'analogie au sérieux, au point d'avoir effectivement créé une technologie antivirus inspirée de la biologie[8].

DES NEURONES ARTIFICIELS POUR COMBATTRE DES VIRUS ARTIFICIELS

Le problème de savoir si un programme informatique donné comporte un virus est insoluble par la voie algorithmique. En termes plus simples, le parfait détecteur de virus ne peut pas être construit. Les raisons de cet état de fait ne sont pas seulement pratiques mais également théoriques. En effet, un programme universel de détection de virus peut théoriquement être utilisé afin de décider si une machine de Turing arbitraire finira par terminer son calcul; cependant, comme nous l'avons vu dans le chapitre 3, aucun algorithme ne peut résoudre ce problème de l'arrêt[9]; par conséquent, aucun détecteur de virus universel ne peut non plus exister. Bien sûr, il est toujours possible de concevoir des *dépisteurs* de virus efficaces qui, même s'ils sont moins radicaux, fonctionnent bien dans la pratique.

On peut considérer la détection des virus informatiques comme un problème de classification qui ne comporte que deux classes, à savoir « infectée » et « non infectée ». Un sous-problème plus simple, mais important, est la classification des virus démarreurs, lesquels représentent environ 80 % des virus les plus communs. Faire démarrer (*to boot*, en anglais) un ordinateur, c'est « lui apprendre à se mettre en marche tout seul » ou « à se prendre en main ». Un secteur d'amorce est une petite séquence de code (512 octets de long dans les ordinateurs personnels compatibles avec IBM) qui dit à l'ordinateur comment procéder.

Guidée par des considérations à la fois pratiques et théoriques, l'équipe de IBM a extrait environ cinquante chaînes de 3 octets, dites *caractéristiques*, qui apparaissent fréquemment dans les secteurs d'amorce des virus mais peu souvent dans les secteurs normaux. Dans un secteur d'amorce arbitraire de 512 octets, la présence (1) ou l'absence (0) de chaque caractéristique définit un vecteur binaire. Celui-ci devient l'entrée d'un réseau à couche unique avec une fonction d'activation continue. Les poids du réseau furent calculés par rétropropagation (voir la section qui suit) employant quelque 100 échantillons d'entraînement, dont les trois quarts à peu près étaient viraux. Une valeur de sortie du réseau plus grande que zéro indique la présence d'un virus; sinon, le secteur d'amorce est déclaré sain.

Comme dans ce cas il n'y a que deux classes, à savoir « infectée » et « saine », deux types d'erreurs de classification sont possibles : le faux-positif (un fichier sain est à tort déclaré infecté) et le faux-négatif (un fichier contaminé passe inaperçu). Pour cette application particulière, il est crucial d'éviter le faux-positif. De fausses alertes fréquentes sur des milliers d'ordinateurs laisseraient les utilisateurs moins insatisfaits qu'ils l'eussent été sans la protection antivirus.

Des séries de tests appliqués au système ont abouti à un taux de faux-négatifs de 10 à 15 % et à un taux de faux-positifs de 0,02 %. Commentant cette performance, l'équipe a prévu que 85 % des nouveaux virus des secteurs d'amorce seront détectés, avec un taux assez mince de faux-positifs affectant les secteurs d'amorce normaux. Le réseau de neurones classificateur a, en fait, déjà attrapé plusieurs virus et montré une des qualités les plus remarquables dans un logiciel antivirus : la capacité de traiter tout seul les nouveaux virus.

LA QUÊTE DES POIDS IDÉAUX

Bien qu'extrêmement simple, l'exemple que nous allons présenter illustre parfaitement comment l'intuition géométrique et l'efficacité de l'algèbre linéaire combinées peuvent servir à l'« entraînement » d'un réseau de neurones. Par « entraînement », nous entendons le fait de trouver un ensemble de poids permettant à un réseau d'accomplir une tâche précise. Dans le cas présent, nous aimerions que le réseau — à vrai dire un neurone unique — ne mélange pas les torchons et les serviettes, ou, suivant le jargon du spécialiste, classifie les éléments d'un ensemble donné en deux classes disjointes.

Supposons que nous ayons cinq nombres, $x_1, x_2, ..., x_5$, divisés en deux classes, x_1 et x_5 étant dans la classe A_0 et le reste dans la classe A_1. Notre but est d'apprendre à un neurone artificiel la classification correcte de ces nombres, en répondant par 0 ou par 1 suivant la classe qui contient le nombre x_i qu'on lui présente. Pour des raisons techniques, nous encodons les nombres comme des vecteurs $y_i = [x_i, 1]$ à 2 dimensions dont la seconde coordonnée est toujours 1. Par conséquent, notre neurone aura deux entrées, une pour chaque coordonnée, et une sortie pour donner sa réponse. Entraîner le neurone équivaut alors à trouver les poids w_1 et w_2 qui produisent la bonne classification. En d'autres mots, le neurone doit « apprendre » à calculer la fonction

$$f(w_1 x_i + w_2) = \begin{cases} 0, \text{ si } x_i \text{ est dans } A_0 \\ 1, \text{ si } x_i \text{ est dans } A_1 \end{cases}$$

Si nous utilisons un neurone avec la fonction d'activation représentée dans la figure 3.3 (a) — c'est-à-dire $f(s) = 1$ ou 0, selon que s est positif ou non -, alors notre problème peut se formuler comme suit :

Trouver w_1 et w_2 de telle sorte que

$w_1 x_i + w_2 < 0$, pour $i = 1$ *ou* 5

et

$$w_1 x_i + w_2 > 0, \text{ pour } i = 2, 3, \textit{ou } 4$$

Il n'est pas difficile de voir qu'il y a beaucoup de solutions possibles pour w_1 et w_2 (en fait, il y en a une infinité), et que ces solutions peuvent être calculées par le seul raisonnement mathématique ; on pourrait donc omettre complètement le procédé d'entraînement. Cependant, dans des situations plus complexes, l'entraînement pourra être le moyen le plus efficace — sinon le seul — pour déterminer les poids appropriés.

On peut envisager les poids possibles comme les coordonnées des vecteurs de poids $W = [w_1 ; w_2]$. Ceux-ci sont représentés graphiquement par des points dans un espace à 2 dimensions E^2 (le plan des coordonnées) ou, alternativement, par des segments dirigés, à la façon dont les vecteurs sont représentés dans les manuels d'algèbre linéaire. Par un simple raisonnement de nature géométrique, on peut montrer que les vecteurs de poids W qui satisfont à la condition (1) de la bonne classification sont tous situés dans une région S de E^2, laquelle est l'intersection de cinq demi-plans.

L'algorithme d'entraînement commence par un vecteur de poids initial $W_1 = [w_{11} ; w_{12}]$ qui peut être arbitrairement choisi (n'importe quel vecteur excepté [0 ; 0] fera l'affaire). En se servant des cinq nombres posés et de leurs classes respectives comme données, l'algorithme doit nous mener de W_1 à un W_n dans S par des étapes successives de calcul — idéalement, de la façon la plus directe. Présenté avec le premier nombre x_1 (encodé comme $[x_1 ; 1]$, l'algorithme simule le calcul du neurone en calculant $f(w_{11} x_1 + w_{12})$, répondant ainsi par 0 ou par 1. Si cette réponse classifie correctement $x1$, alors aucun ajustement des poids n'est nécessaire. Mais si la classification est incorrecte, le vecteur de poids W_1 en cours est remplacé par un nouveau, W_2, afin d'augmenter la probabilité d'une classification correcte la prochaine fois que x_1 sera examiné par le neurone (le calcul de W_2 est expliqué plus bas). Le procédé est ensuite répété en utilisant comme entrée chacun des autres nombres $x_2, ..., x_5$, et en recommençant le tout avec $x_1, x_2, ...$ jusqu'à ce qu'un vecteur de poids W_n qui classifie correctement tous les cinq nombres soit obtenu. Par un argument mathématique, on peut démontrer que la règle suivante pour l'ajustement des poids produira un tel Wn en un nombre fini d'étapes.

Supposons que x_i ait été incorrectement classifié par l'emploi du vecteur de poids $W_k = [w_1 ; w_2]$. Le nouveau vecteur de poids alors devra être :

$$W_{k+1} = [w_1 \pm x_i ; w_2 \pm 1]$$

Autrement dit, W_{k+1} est obtenu en ajoutant le vecteur y_i à W_k ou en le soustrayant de celui-ci, le signe + s'appliquant quand le nombre x_i mal classifié est dans la classe A_1 et le signe — quand il est dans la classe A_0.

La figure 3.5 illustre la géométrie qui sous-tend la règle d'ajustement. Si, par exemple, $x_2 = 3$ — lequel est encodé comme le vecteur $y_2 = [3\,;\,1]$ —, alors $3w_1 + w_2 = 0$ est l'équation d'une ligne droite L perpendiculaire à y_2. Cette ligne divise le plan des coordonnées en deux demi-plans H_0 et H_1, dont les équations sont :

$$3w_1 + w_2 < 0 \ (H_0) \text{ et } 3w_1 + w_2 > 0 \ (H_1)$$

Puisque x_2 appartient à la classe A_1, sa bonne classification requiert que $3w_1 + w_2 > 0$ (pour que la sortie du neurone soit 1). Pour cette raison, tout vecteur de poids $[w_1\,;\,w_2]$ dans H_1 va réaliser la classification correcte, tandis que tous les vecteurs de poids dans H_0 entraîneront une erreur de classification. Supposons que le vecteur de poids en cours est $W_k = [-5\,;\,1{,}5]$. Or $3(-5) + 1{,}5 = -13{,}5 < 0$, par conséquent W_k est dans H_0 et nous avons une mauvaise classification. Pour corriger cette erreur, nous devons déplacer W_k vers H_1. Le plus court chemin vers H_1 est dans la direction de la perpendiculaire à L, ce qui est précisément la direction de $y_2 = [3\,;\,1]$. En ajoutant y_2 à W_k, nous déplaçons le vecteur de poids vers H_1 — et par le moyen le plus efficace. Si nous devions tomber sur l'autre type de mauvaise classification (le vecteur de poids en cours étant dans H_1, et les bons poids étant ceux qui sont dans H_0), alors la soustraction de y_2 déplacerait W_k dans la direction opposée, puisque que y_2 pointe toujours vers le demi-plan « positif » (H_1).

Dans une situation plus générale (et réaliste), les entrées seront des vecteurs à n dimensions (x_1, x_2,... x_n) ou « configurations » (les entrées d'un réseau étant généralement appelées *configurations*, sans tenir compte de leur nature particulière) ; le neurone entraîné devra faire plus que classifier les configurations dans l'ensemble d'entraînement : il devra également être capable, du moins la plupart du temps, de classer correctement les nouvelles configurations qui se présentent. Pour que cela puisse se faire, certaines conditions devront être remplies : par exemple, les configurations devront être disposées à peu près en grappes autour des « échantillons » qui auront servi à l'entraînement.

La réalisation de tâches plus complexes requerra la puissance combinée de nombreux neurones interconnectés. Ceux-ci sont, en règle générale, disposés en couches, de telle sorte que les sorties de neurones dans

FIGURE 3.5

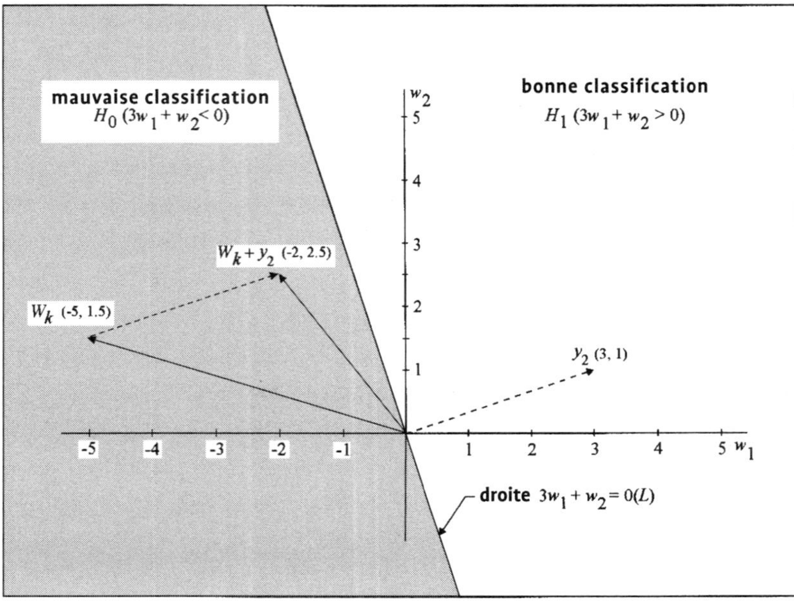

FIGURE 3.5. La géométrie sous-jacente à la règle de l'ajustement des poids.

une couche deviennent les entrées de neurones de la suivante. Leurs algorithmes d'apprentissage sont, par conséquent, beaucoup plus complexes que celui qui vient d'être exposé.

Le cadre mathématique de l'entraînement des réseaux à couches a été établi par le mathématicien américain Paul Werbos dans sa thèse de doctorat de 1974[10]. L'une des méthodes d'entraînement les plus courantes — et les plus efficaces — est l'algorithme de rétropropagation de l'erreur (discuté dans l'appendice 4), algorithme qui modifie systématiquement les poids, de sorte que la sortie du réseau est de plus en plus proche de la réponse désirée.

La plupart des algorithmes d'apprentissage ont en général le même format, un ensemble de configurations — l'ensemble d'apprentissage — étant soumis au réseau plusieurs fois de suite. Si la réponse du réseau à une configuration donnée est incorrecte, l'algorithme règle les poids de telle sorte que la marge d'« erreur » soit réduite. Étant donné que les bonnes réponses sont connues et qu'elles contribuent à l'amélioration progressive de la performance du réseau, ce type d'entraînement s'appelle l'*apprentissage super-*

visé. La comparaison entre les réponses désirées et les réponses réellement obtenues — et l'ajustement des poids, si cela s'avère nécessaire — continue jusqu'à ce que toutes les configurations dans l'ensemble d'apprentissage aient été « apprises » avec une marge d'erreur globale acceptable. Cette marge globale est généralement calculée en ajoutant les erreurs pour chaque configuration dans l'ensemble d'apprentissage (il est irréaliste de s'attendre à un résultat parfait, à savoir une erreur égale à zéro). Tout le processus se ramène à essayer de résoudre un problème d'optimisation : celui de minimiser l'erreur globale, qui est généralement une fonction d'une complexité désespérante d'un grand nombre de variables.

L'IMPORTANCE D'ÊTRE NOMBREUX

> Des capacités de calcul, utiles aux organismes biologiques ou à la construction des ordinateurs, peuvent émerger en tant que propriétés collectives de systèmes ayant un grand nombre d'éléments simples équivalents.
> (JOHN J. HOPFIELD)[11].

Durant les années 70, les limites des réseaux simples basés sur les perceptrons de Rosenblatt émoussèrent l'enthousiasme du début pour les modèles neuronaux.

Mais, en 1982, l'intérêt pour les réseaux de neurones s'est ravivé à la suite de la publication d'un article capital de l'éminent physicien John J. Hopfield[12]. Hopfield rassembla un certain nombre d'idées, dont la plupart n'étaient pas forcément nouvelles, avec une analyse mathématique puissante et éclairée. Nous savions déjà que les calculs produisent des nombres. Hopfield, dans son article, soutient que le nombre peut produire spontanément un calcul ou, plus exactement, que le « calcul » peut se révéler une propriété collective de systèmes ayant un grand nombre d'éléments simples en interaction. D'après Hopfield, grâce à notre compréhension des circuits électroniques de base, nous pouvons planifier et réaliser les circuits complexes qui sont indispensables aux grands ordinateurs. « Parce que l'évolution ne peut procéder de la même façon, écrivait-il, il devient pertinent de se demander si la capacité de grands amas de neurones à accomplir des tâches de "calcul" peut, en partie, être une conséquence collective spontanée du fait d'avoir une grande quantité de neurones simples en interaction. » L'auteur propose alors un modèle mathématique — désigné par la suite comme le réseau de Hopfield — dans lequel les propriétés de calcul surgissent de l'interaction de nombreuses cellules élémentaires plutôt que de la configuration du « circuit ». Les propriétés collectives du modèle produisent une mémoire « adressable par contenu » qui peut restaurer de l'information manquante.

Prenons comme exemple la référence suivante : « T. Denoeux et R. Lengelle, "Initialisation des réseaux de rétropropagation avec prototypes", *Neural Networks* 6, n° 3, pp. 351-363 (1993) ». Cette information peut s'altérer pour devenir, disons : « Denueux et Lenjel, *Neural Networks* (1993) ». Une mémoire adressable par contenu devra alors pouvoir retrouver la référence complète à partir des données altérées. Du point de vue d'un système dynamique, on peut voir dans une information incomplète ou contenant des erreurs un point instable dans l'espace des états, alors que la bonne entrée correspond à un point stable (ou *attracteur*). On peut alors retrouver l'information complète et originelle en forçant l'état du système (l'information en cours de traitement) à se diriger vers un point stable à partir de n'importe où à l'intérieur des régions qui l'entourent.

Hopfield constata que, si la dynamique d'un système physique est dominée par un grande nombre d'états stables vers lequel il est attiré, on peut considérer le système comme une mémoire adressable par contenu. Il conjectura alors que la stabilité des mémoires peut spontanément surgir dans des systèmes constitués de très nombreux éléments simples qui interagissent. Si, de plus, nous pouvons choisir n'importe quel ensemble d'états et facilement les forcer à être des états stables, alors le système devient un dispositif de mémoire potentiellement utile.

LA DYNAMIQUE DES RÉSEAUX

On peut se servir d'un réseau de Hopfield pour récupérer des configurations telles que les images en noir et blanc, images qui peuvent contenir des erreurs ou avoir subi des pertes d'information. On appelle prototypes les configurations initiales. Nous donnerons un exemple élémentaire d'un réseau de Hopfield dans lequel les prototypes sont les dix chiffres 0, 1, 2,..., 9.

Au moyen d'une représentation matricielle de 10×12 points, chaque chiffre peut être décrit à l'aide d'un mot binaire, c'est-à-dire par un vecteur de 120 nombres binaires : +1, pour représenter un point noir, et - 1, un point blanc. Par un choix approprié des poids de connexion (comme ce sera expliqué ci-après), ces prototypes peuvent être « emmagasinés » dans la « mémoire » du réseau. Pendant sa phase d'opération (ou de rappel), le réseau essayera d'associer une configuration d'entrée donnée (c'est-à-dire un vecteur binaire à 120 dimensions) à un prototype — idéalement celui qui cadre le plus étroitement avec l'entrée. À la différence des poids des réseaux dont nous avons parlé jusqu'ici, ceux d'un réseau de Hopfield ne sont pas « appris » mais fournis d'emblée par l'utilisateur. Comme nous l'avons mentionné plus haut, la détermination des valeurs des poids peut être considérée comme l'emmagasinage des prototypes dans la mémoire du réseau. Voici l'idée de base qui guide le choix des poids.

Supposons que, dans chacun des 10 prototypes, les 15e et 78e bits soient identiques, c'est-à-dire soient l'un et l'autre + 1 ou - 1. En essayant de restaurer une configuration *C* d'entrée partiellement altérée, le réseau va peu à peu modifier *C* pour le transformer en un des prototypes (*P*, disons). Si *C* doit converger vers *P*, le neurone 15 devra faire fortement pression sur le neurone 78 pour qu'il adopte son état à lui, puisque dans *P* ces deux bits doivent être les mêmes. S'il arrive que les bits des deux positions ne concordent que dans 8 prototypes, alors le neurone 15 devra envoyer au neurone 78 un signal de copier son état à lui qui soit un peu plus faible. En général, les bits des positions *i* et *j* seront identiques dans certains prototypes et ne le seront pas dans d'autres. La mesure de la force du signal sera alors la différence entre le nombre d'accords et le nombre de désaccords. Par exemple, si les $i^{\text{ème}}$ et le $j^{\text{ème}}$ bits sont concordants dans 8 prototypes et ne le sont pas dans 2, alors w_{ij} sera égal à 8 - 2 = 6 ; s'ils concordent (ou ne concordent pas) dans les 10 prototypes, alors *wij* sera égal à 10-0 = 10 (ou w_{ij} = 0 - 10 =-10) ; s'il y a accord dans la moitié des prototypes, alors w_{ij} sera égal à 5 - 5 = 0.

Si on exprime par P_i le $i^{\text{ème}}$ bit du prototype *P*, le produit P_iP_j sera égal à 1 si les bits *i* et *j* de *P* sont identiques, et à — 1 s'ils sont différents. Alors, la force de la connexion du neurone *j* avec le neurone *i* est donnée par la formule suivante :

$$w_{ij} = \Sigma\, P_i P_j \qquad (2)$$

où l'addition s'étend à tous les prototypes *P*. (La formule ajoute 1 si le $i^{\text{ème}}$ et le $j^{\text{ème}}$ bits d'un prototype sont les mêmes, et soustrait 1 s'ils sont différents.) Les poids w_{ii} sont considérés comme égaux à zéro, car aucune connexion d'un neurone avec lui-même n'est possible.

Qu'arrive-t-il durant l'opération du réseau ? Au temps $t = 0$, une configuration d'entrée *C* (un vecteur binaire à 120 dimensions) est présentée au réseau. Le $i^{\text{ème}}$ bit de *C* devient l'état initial du neurone *i*, de sorte que, au moment du démarrage, le réseau enregistre tout simplement l'entrée *C*. Aux unités de temps subséquentes, à savoir $t=1, 2, 3,...$, les neurones vont subir des changements d'état qui correspondent aux modifications graduelles (un bit à la fois) de la configuration d'entrée *C*.

Il est important de souligner qu'un seul neurone par unité de temps est autorisé à « déclencher », c'est-à-dire à (peut-être) changer son état. Celui des neurones qui peut « déclencher » est déterminé au hasard, le taux moyen de « déclenchement » étant le même pour tous les neurones. Ce mode « asynchrone » d'actualisation a pour objet de modéliser les délais de propagation aléatoire des signaux nerveux qu'on trouve dans les systèmes biologiques.

L'état du neurone déclencheur — disons le $i^{\text{ième}}$ neurone — au temps $t+1$ dépend de l'information qu'il reçoit de tous les autres neurones au temps t. Par exemple, si w_{ij} est - 8 et j est dans l'état + 1, alors le signal d'entrée venant de j à i sera le produit (- 8)(+ 1) = - 8. Des signaux tels que + 4, 0, + 10, -2 etc. qui arrivent des autres neurones peuvent être interprétés comme des « votes » sur la décision que devra prendre le $i^{\text{ième}}$ neurone par rapport à son prochain état, les votes positifs pressant i de déclencher (c'est-à-dire de supposer l'état + 1) et les votes négatifs favorisant l'état inactif - 1. L'état propre au neurone n'influence pas sa décision, puisqu'il n'y a pas de rétroaction d'un neurone sur lui-même. Le neurone i effectuera ensuite le déclenchement (état + 1) si la somme des votes est positive, sinon il ne le fera pas (état -1).

En résumé, voici la formule dont se sert le $i^{\text{ième}}$ neurone pour calculer son prochain état :

$$\mu_i(t+1) = f\left(\sum_{j=1} w_{ij}\, \mu_j(t)\right)$$

où $\mu_j(t)$ désigne l'état du neurone j au temps t et f est la fonction du seuil (d'activation) :

$f(s) = +1$, si s est plus grand que 0 ; $f(s) = -1$, dans le cas contraire

Le vecteur $\mu(t) = (\mu_1(t), \mu_2(t),..., \mu_n(t))$ représente l'état du réseau de n neurones au temps t. On peut visualiser les états possibles du réseau en les considérant comme les sommets d'un « hypercube » dans un espace à n dimensions. Pour $n=3$, les huit vecteurs à trois dimensions avec les composantes + 1 ou - 1 sont les sommets d'un cube ordinaire. Pour n plus grand que 3, il n'est plus possible de tracer l'hypercube, bien qu'il soit encore possible de l'imaginer. Au fur et à mesure que le temps change de t à $t+1$, l'état du réseau voyage d'un sommet à un autre sommet qui lui est adjacent (puisqu'un seul neurone peut effectuer un déclenchement au temps t, une seule coordonnée du vecteur d'état peut changer à n'importe quelle unité de temps donnée). On considère que le réseau a convergé quand (et si) ce voyage de sommet à sommet cesse, c'est-à-dire si l'état du réseau devient stable.

L'état d'équilibre S constitue la mémoire restaurée du réseau, laquelle, en règle générale, correspond au prototype qui ressemble le plus à la configuration d'entrée. Cependant, la nature non déterministe du réseau peut amener celui-ci à converger vers une fausse configuration — qui ne figure pas dans l'ensemble des prototypes — ou à présenter un comportement chaotique et continuer d'errer dans une petite région de l'espace des états.

Dans une des simulations informatiques de Hopfield, m configurations (pour différentes valeurs de m) furent générées au hasard et emmagasinées selon l'équation (2). Chacun de ces m « prototypes » fut ensuite utilisé comme entrée, et le réseau mis en marche jusqu'à ce qu'il devienne stable. Le raisonnement invoqué par Hopfield pour choisir des prototypes au hasard était que l'information prétraitée par un système nerveux en vue d'une mise en mémoire efficace nous semblerait être aléatoire. À cet effet, il citait l'exemple du caractère aléatoire des séquences de l'ADN. « Les vecteurs de mémoire aléatoires simulent donc l'information réelle efficacement encodée, tout autant qu'ils représentent notre ignorance »[13].

Les résultats des simulations suggéraient que le nombre de prototypes doit être petit en comparaison du nombre de neurones, sinon l'erreur de rappel pourrait s'avérer grave. Hopfield concluait — et l'expérience l'a confirmé — que pour un rappel relativement exact, un taux de 15 prototypes par 100 neurones ne devait pas être dépassé. Ainsi, le rappel de 10 prototypes nécessiterait environ 70 neurones et à peu près 5000 poids.

Lorsque les neurones peuvent avoir des fonctions d'activation continue (figure 3.3. (b)), les changements d'état du réseau cessent de se produire à des intervalles de temps discrets pour se produire de façon continue. De tels systèmes possèdent en général une dynamique plutôt complexe et l'analyse de leur comportement requiert des outils mathématiques très élaborés.

L'enthousiasme suscité au départ par le travail de Hopfield durant les années 80 fut suivi d'attentes plus modérées. Dès 1987, les Laboratoires AT & T Bell annoncèrent la mise au point de puces neuronales basées en grande partie sur le réseau de Hopfield[14] ; toutefois, les applications du modèle de l'éminent physicien restèrent limitées. En 1992, Jacek M. Zurada, un ardent chercheur dans ce domaine, évalua la situation en ces termes :

> *Il est difficile de remonter à la source des solutions offertes par les réseaux ou de les expliquer ; souvent, elles sont dues à des facteurs fortuits. [...] Toutefois, on devrait insister sur le fait que l'approche par les systèmes dynamiques des tâches cognitives n'en est encore qu'au début de son développement. L'application des modèles dynamiques à des problèmes réels d'association ou d'optimisation au-delà de leur portée actuelle requerra des progrès scientifiques considérables*[15].

Bref, la technique est sans doute prometteuse, mais il ne faut pas s'emballer trop vite.

DÉVELOPPER LE GOÛT DES VRAIES FRAMBOISES

N'importe qui peut reconnaître une framboise fraîche. En revanche, savoir si un échantillon de pulpe est à 100 % de la framboise est une autre paire de manches, surtout si cet échantillon est surgelé ou sulfaté. Nous sommes en présence ici d'un problème commercial auquel les fabricants de confitures doivent faire face lorsqu'ils se servent de pulpes pour préparer des confitures de style maison ou de délicieuses marmelades. Comment s'assurer que le fournisseur n'a pas ajouté du sucre ou des fruits moins chers aux framboises, diluant la pulpe et augmentant du même coup sa marge de profit ?

Une méthode originale pour détecter les pulpes de framboise frelatées a été mise au point par une équipe de chercheurs de l'Institut de recherche alimentaire de Norwich (Grande-Bretagne). Cette méthode, basée sur les techniques spectroscopiques et s'appuyant sur le puissant outil mathématique qu'est la transformée de Fourier, utilise des sections du spectre infrarouge moyen pour identifier des échantillons. Ces sections sont une sorte d'empreinte digitale moléculaire très sensible à la composition chimique exacte de l'échantillon[16]. Mais comme différentes pulpes de fruits peuvent avoir des spectres très semblables, les changements résultant du frelatage par ajout d'un autre fruit qui s'opèrent dans le spectre ne sont pas toujours évidents à l'œil nu. J. K. Holland, E. K. Kemsley et R. H. Wilson, trois chercheurs de l'Institut, décidèrent d'entraîner un réseau de neurones pour les aider à différencier les spectres de framboise pure et ceux d'autres pulpes (moins chères), en particulier les framboises frelatées.

Ils commencèrent par constituer une base de données de quelque 900 spectres des différents types de pulpes de fruits et de pulpes de framboises auxquelles avaient été incorporées de la saccharose, de la pomme ou de la prune, ingrédients potentiellement falsificateurs. La base de données fut ensuite séparée en trois groupes à peu près égaux, à savoir : un ensemble d'apprentissage pour la mise au point du réseau, un ensemble de réglage pour ajuster les paramètres du modèle et enfin un ensemble de vérification pour valider la performance du réseau. Environ les deux tiers des échantillons de chaque ensemble provenaient d'autres fruits que les framboises, le dernier tiers étant également réparti entre les spectres de framboises pures et les spectres de framboises frelatées. Pour les besoins de l'analyse, chaque spectre était représenté par 50 valeurs numériques appelés *scores d'éléments principaux*.

Le réseau possède une première couche de 8 neurones, lesquels reçoivent chacun comme entrée les 50 scores d'éléments principaux de l'échantillon. Les données de sortie en provenance de cette couche d'entrée sont alors transmises à un neurone unique qui produit comme donnée de sortie définitive un nombre entre 0 et 1. Afin d'obtenir la réponse désirée du réseau — 1 pour la framboise et 0 pour toute autre substance -, les valeurs des 408 poids synaptiques furent ajustées par rétropropagation. À la fin de chaque cycle d'entraînement, l'ensemble de réglage fut utilisé pour calculer les erreurs de prédiction (la différence entre la valeur désirée et la sortie du réseau). Lorsque la somme des erreurs au carré atteint, sur la totalité de l'ensemble de réglage, un minimum — plus précisément, lorsqu'elle augmente pendant 10 cycles successifs -, l'apprentissage est terminé. Ce type de critère d'arrêt se révéla efficace dans la pratique pour éviter un surentraînement du réseau.

La capacité du réseau à généraliser — c'est-à-dire à classifier correctement de nouveaux spectres de pulpes — fut testée sur des échantillons (l'ensemble de vérification) qui n'avaient pas participé à l'apprentissage. Une réponse du réseau plus grande que 0,5 fut considérée comme indiquant une pulpe de framboise pure, tandis qu'une sortie inférieure à 0,5 était interprétée comme n'étant pas de la framboise. Le réseau ainsi entraîné classifia correctement 97 % des 280 échantillons dans l'ensemble de vérification. On peut voir les résultats de cette classification dans la figure 3.6. La sortie du réseau est tracée en face du numéro de code de l'échantillon (les symboles tracés représentent le type d'échantillon correct)[17].

La puissance de la combinaison spectroscopie infrarouge / réseau de neurones repose sur sa rapidité : le spectre infrarouge moyen d'un échantillon de pulpe peut être recueilli en moins de cinq minutes, le réseau ne prenant que quelques secondes pour effectuer une prédiction. Une méthode semblable avait déjà été employée pour vérifier l'authenticité d'extraits de café (18). (Les rumeurs voulant que l'Institut de recherche alimentaire aurait été pressenti par un cartel de la drogue intéressé par leurs services sont sans fondement aucun!)

Les réseaux de neurones ne constituent pas le seul moyen efficace pour analyser les spectres. Comme le dit Kate Kemsley, membre de l'équipe qui a mis au point la nouvelle technique, « il était amusant d'essayer l'approche neuronale, mais je dois dire qu'il n'était pas indispensable d'utiliser les réseaux de neurones. Dans chacun des deux cas [celui des framboises et celui du café], les méthodes d'algèbre linéaire auraient marché tout aussi bien ».

FIGURE 3.6

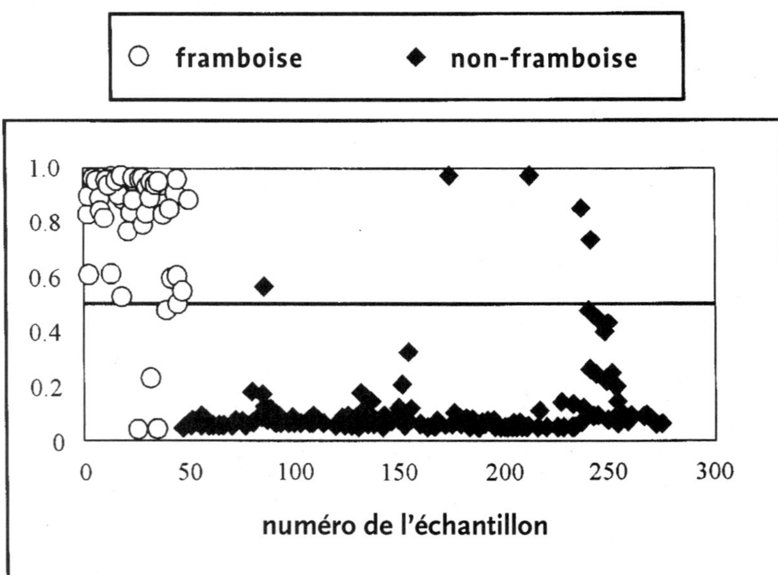

FIGURE 3.6. Sortie d'un réseau de neurones qui reconnaît la pulpe de framboise pure. Un échantillon donné est considéré comme de la « framboise pure » par le réseau si la sortie est plus grande que 0,5. (Repris de *Food Testing and Analysis*, vol. 3, no 3 (1997), p. 24. Copyright (c) Target Group, Inc. Reproduit avec la permission de l'éditeur.)

UN PROBLÈME D'ITINÉRAIRE

Le problème du commis voyageur vit le jour aux États-Unis dans les années 30, à propos de questions pratiques venant de l'industrie et de l'administration. Dans les années qui suivirent la crise de 1929, le recours aux modèles mathématiques pour les décisions d'ordre quantitatif, naquit comme une branche indépendante des mathématiques appliquées, ce qu'on appellera plus tard la recherche opérationnelle. De manière tout à fait indépendante, les Britanniques développèrent leurs propres techniques opérationnelles durant la Seconde Guerre mondiale, et l'appliquèrent à la solution de problèmes divers concernant des tactiques, comme l'usage efficace du radar pour suivre la trace des avions ennemis. Personne ne semble savoir de façon précise pourquoi on lui a donné un tel nom [*Traveling Salesman*]. Durant les années 70 — c'était à prévoir—, certains essayèrent de le rebaptiser « problème de la personne itinérante » [*Traveling Salesperson Problem*]. Mais comme on avait pris l'habitude de désigner ce problème par le sigle TSP en anglais [et PCV (le Problème du Commis Voyageur) en français], la délicate question du sexe du voyageur (ou de la voyageuse) put être évitée !

Ce que les mathématiciens appellent couramment le PCV est en réalité un problème plus général : étant donné un ensemble $\{1, 2, 3,..., n\}$ de n « villes » et les « coûts » $c(i, j)$ du déplacement de la ville i à la ville j, trouvez un ordre des villes — c'est-à-dire un tour — avec le minimum de coûts tel que chaque ville figure une seule fois (le coût d'un tour étant, bien sûr, la somme des coûts résultant du voyage d'une ville à l'autre dans l'ordre donné). Cette version plus simple permet plusieurs variantes. Par exemple, les coûts entre les villes peuvent ne pas être les mêmes dans les deux directions ; s'ils le sont, c'est-à-dire si

$$c(i, j) = c(j, i)$$

nous nous trouvons devant un problème symétrique. Aussi, l'inégalité dite « triangulaire » :

$$c(i, k) \leq c(i, j) + c(j, k)$$

qui est vraie automatiquement quand les « coûts » sont des distances réelles, peut cesser de l'être à d'autres occasions. En d'autres termes, cela signifie que le coût pour aller directement d'une ville i à une ville k peuvent excéder ce que cela coûte en faisant un détour par la ville j. Les distances entre les sommets de tout triangle satisfont l'inégalité mentionnée ci-dessus, d'où son nom. Dans ce qui suit, nous supposerons que nous avons affaire au PCV classique (un commis voyageur qui se déplace de ville en ville), et donc que les coûts $c(i, j)$ sont les distances réelles, l'itinéraire le plus économique étant celui qui est le plus court.

En 1954, trois mathématiciens de la Rand Corporation résolurent le premier PCV de grande envergure en empruntant les méthodes de la programmation linéaire — une technique pour résoudre certains problèmes d'optimisation qui utilise une approche géométrique. Le problème était un pur PCV, car il comportait de vraies villes (Washington et 48 autres grandes villes américaines). George Dantzig, Delbert Fulkerson et Selmer Johnson représentèrent chaque tournée possible par le sommet d'un polyèdre dans un « espace » de plus de 2000 dimensions. Avec cette représentation géométrique, trouver l'itinéraire le plus court devient alors un problème de programmation linéaire standard.

La recherche des solutions exactes à des PCV de plus en plus grands prit l'allure d'une sorte de concours non officiel parmi les chercheurs. Bien entendu, seuls de « vrais » problèmes furent acceptés, par exemple, ceux qui proviennent de situations réalistes dans l'administration ou l'industrie. Avec les années, l'action conjuguée des algorithmes améliorés et des ordinateurs plus puissants eut pour résultat qu'un record après l'autre fut battu. Le titre mondial est détenu actuellement par une équipe de quatre informaticiens américains[19] qui, en 1994, trouvèrent le plus court itinéraire d'un problème comportant 7397 villes[20]. Cette performance nécessita des ressources informatiques considérables : on a estimé que, pour parvenir à la solution, l'algorithme avait eu besoin d'un temps de machine de 3 à 4 ans sur un réseau d'ordinateurs. Toutefois, comme l'équipe en question fit tourner ses programmes tard dans la nuit, pendant que les ordinateurs restaient fermés, le coût réel fut probablement négligeable. Quoi qu'il en soit, dans ce genre de concours, la vitesse ou le coût comptent moins que la taille du problème (le nombre de villes). Mais, quand il s'agit d'applications réelles, le temps de calcul est un facteur majeur, et la généralité de la méthode de solution l'est tout autant.

LE SENTIER NEURONAL VERS L'OPTIMISATION

Dans quelle mesure les réseaux de neurones peuvent-ils servir à résoudre les problèmes d'optimisation ? Aux yeux de l'infatigable commis voyageur, aucune des solutions neuronales existantes ne semble faire le poids avec les techniques plus classiques. Le fameux puzzle du commis voyageur est un choix naturel pour tester une méthode d'optimisation, mais comporte aussi certains aspects plus délicats. Regardons cela d'un peu plus près.

L'approche neuronale du PCV a été proposée la première fois par Hopfield et D. W. Tank en 1985[21]. Pour résoudre un problème à n villes, leur méthode requérait n^2 neurones continus, connectés chacun à tous les autres. Nous imaginons les neurones disposés comme une grille ou une matrice carrée n par n. Chaque neurone possède une étiquette à deux chiffres (i, j) indiquant sa position sur la matrice : $i^{\text{ième}}$ rangée et $j^{\text{ième}}$ colonne. L'état du neurone (i, j) est une variable x_{ij} qui peut prendre n'importe quelle valeur entre 0 (ne déclenchant pas) et 1 (déclenchant au maximum).

L'état du réseau à un moment donné t est entièrement décrit par les n^2 chiffres x_{ij}. La valeur de x_{ij} (entre 0 et 1) représente la force dans la « croyance » que la ville i est dans la position j de l'itinéraire. Des solutions possibles du problème — c'est-à-dire des itinéraires qui visitent chaque ville une seule fois — sont représentées par certaines matrices binaires : un 1 dans la ligne i, colonne j, et des 0 dans les autres positions de cette ligne, signifient que la ville i est la $j^{\text{ième}}$ ville à visiter. Par exemple, une ligne 5 telle que celle-ci :

$$0\ 0\ 1\ 0\ \ldots\ 0\ 0$$

indique que la ville 5 est la troisième dans l'itinéraire. La matrice ci-dessous encode un itinéraire qui visite cinq villes dans l'ordre 2, 1, 5, 3, 4

$$\begin{matrix} 0 & 1 & 0 & 0 & 0 \\ 1 & 0 & 0 & 0 & 0 \\ 0 & 0 & 0 & 1 & 0 \\ 0 & 0 & 0 & 0 & 1 \\ 0 & 0 & 1 & 0 & 0 \end{matrix}$$

La longueur d'un itinéraire peut s'exprimer comme une fonction L (en fait, un polynôme) à n^2 variables x_{ij}. Pour garantir que chaque ville figure une seule fois dans l'itinéraire, il doit y avoir exactement un neurone déclencheur par rangée. Cette condition peut parfaitement s'écrire sous forme d'équation, ou contrainte :

$$\sum_{j=1}^{n} x_{ij} = 1, \text{ pour chaque } i = 1, 2, \ldots, n$$

La condition additionnelle à l'effet que chaque position j dans l'itinéraire soit occupée par une seule ville conduit à une seconde contrainte

$$\sum_{i=1}^{n} x_{ij} = 1, \text{ pour chaque } j = 1, 2, \ldots, n$$

On peut maintenant formuler le problème du commis voyageur comme un problème de programmation linéaire dans les entiers, à savoir trouver les nombres entiers x_{ij} qui satisfassent aux contraintes ci-dessus pour lesquelles la valeur de la fonction L est un minimum. C'est précisément ce genre de problème que le réseau de rétroaction à neurones continus de Hopfield et Tank — mis en œuvre comme un circuit analogique ou simulé sur un ordinateur numérique — essaie de résoudre. Son état (stable) final est la réponse du réseau qui, une fois décodée en un itinéraire, correspond (espérons-le) à la solution. La figure 3.7 illustre cette solution neuronale d'un problème comportant 10 villes.

Pour justifier leur utilisation des neurones continus, Hopfield et Tank invoquèrent la nécessité d'opérations logiques souples ou « floues »[22] :

> *Pendant une convergence analogique, plusieurs solutions ou énoncés conflictuels peuvent être considérées simultanément par l'intermédiaire de variables continues. C'est comme si les opérations logiques d'un calcul pouvaient recevoir des valeurs continues situées entre le « vrai » et le « faux », et n'évoluer vers la certitude que vers la fin du calcul. Cela est évident pendant le processus de convergence du* PCV *[figure 3.7]. [...] Cet emploi d'une variable continue située entre le vrai et le faux est semblable à la théorie des ensembles flous. Les neurones à deux états ne reproduisent pas cette caractéristique calculatoire.*

Un inconvénient de l'approche qui vient d'être évoquée ci-dessus est l'ampleur des moyens de calcul que cela exige : résoudre, en effet, un problème de 1 000 villes requiert un million de neurones, chacun étant connecté à tous les autres — mille milliards de poids de connexions ! Dans un livre récent[23], David Johnson, des laboratoires de AT & T, et Lyle McGeoch, de Amherst College, évaluent et comparent les diverses techniques pour résoudre le PCV, y compris les algorithmes génétiques et les réseaux de neurones. Ils constatent que, même si Hopfield et Tank ont trouvé des itinéraires optimaux pour des exemples de 10 villes, leurs réseaux « ne sont pas toujours parvenus à converger vers de vraies solutions [c'est-à-dire des tours] pour $n = 30$, et la meilleure solution qu'ils aient jamais trouvée était toujours supérieure de 17 % à la solution optimale ».

FIGURE 3.7

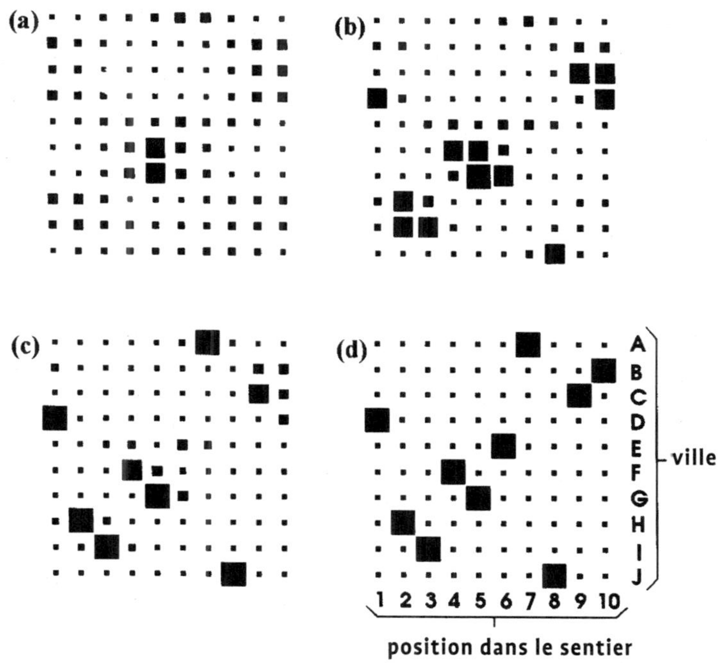

FIGURE 3.7. La convergence vers un tour du réseau de neurones de 10 villes. La dimension linéaire de chaque carré est proportionnelle à la valeur de x_{ij}. (*a* à *c*) : temps intermédiaires ; (*d*) : l'état final. Les index illustrent comment l'état final est décodé en un tour (c'est-à-dire une solution du PCV). (Reproduit avec la permission de John J. Hopfield et David W. Tank, « Computing with Neural Circuits : A Model », dans *Science*, vol. 223, no 4764 (1986), pp. 625-633. Copyright (c) 1986 American Association for the Advancement of Science.)

Une approche différente, dans laquelle les neurones sont considérés comme des points du plan, s'est révélée efficace lorsque le problème comporte un grand nombre de villes. Au cours du calcul, les neurones (surnommés « fourmis ») se déplacent peu à peu vers les villes comme s'ils étaient connectés par une longue corde en forme de boucle. Ils finissent par former un polygone qui ressemble à un itinéraire physique, chaque ville étant « occupée » par un neurone. À l'aide d'un tel réseau « géométrique », Shara Amin et José Luis Fernandez, du British Telecom, obtinrent une solution (avec une précision de 4 %) pour un échantillon[24] de 30 000 villes sélectionnées au hasard — la solution la plus considérable jamais atteinte par cette méthode, jusqu'à ce jour (1994).

Les mathématiques qui sous-tendent ces réseaux géométriques s'inspirent des idées de Teuvo Kohonen, de l'Université de Technologie d'Helsinki. En particulier, ses *self-organizing maps*[25] et l'algorithme d'apprentissage qui les accompagne, appelé *le gagnant-emporte-tout*[26]. Les contributions les plus originales de Kohonen au calcul neuronal ont trouvé des applications fructueuses dans beaucoup de domaines, tels que la reconnaissance de la parole et le contrôle des robots.

Johnson et McGeoch concluent leur analyse des solutions neuronales du PCV en s'interrogeant sur leur valeur pratique. Mais ils ne se prononcent pas sur le potentiel de l'optimisation neuronale dans son ensemble : « Si les nombreux travaux de recherche qui ont trait au perfectionnement de ces algorithmes [neuronaux] doivent avoir des conséquences pratiques, ce sera probablement dans d'autres domaines, où les leçons tirées du cas du PCV pourraient produire des résultats plus utiles »[27].

Notes

1. T. Kohonen, *Proceedings of the 3rd International Conference on Fuzzy Logic, Neural Nets and Soft Computing*, Iizuka, Japon, 1994, p. xiii.

2. W. S. McCulloch et W. Pitts, « A Logical Calculus of the Ideas Immanent in Nervous Activity », dans *Bulletin of Mathematics and Biophysics*, 5 (1943), pp. 115-133.

3. F. Rosenblatt, « The Perceptron : A Probabilistic Model for Information Storage and Organisation in the Brain », dans *Psychology Review*, 65 (1958), pp. 386-408.

4. J. J. Hopfield, « Neural Networks and Physical Systems with Emergent Collective Computational Abilities », dans *Proceedings of the National Academy of Science* USA, vol. 79 (1982), pp. 2554-2558.

5. J. Zurada, D. M. Zigoris, P. B. Aronhime et M. Desai, « Multi-Layer Feedforward Networks for Printed Character Classification », dans *Proceedings of the 34th Midwest Symposium on Circuits and Systems*, Monterey (Californie), mai 1991.

6. F. Cohen, « Computer Viruses, Theory and Experiments », dans *Computers and Security*, vol. 6 (1987), pp. 22-35.

7. W. H. Murray, « The Application of Epidemiology to Computer Viruses », dans *Computers and Security*, vol. 7 (1988), pp. 130-150.

8. J. O. Kephart et *al.*, « Biologically Inspired Defenses Against Computer Viruses », dans *International Conference on Artificial Intelligence*, 1995, pp. 985-996.

9. F. Cohen, « Computer Viruses, Theory and Experiments », dans *Computers and Security*, vol. 6 (1987), pp. 22-35.

10. P. J. Werbos, « Beyond Regression : New Tools for Prediction and Analysis in the Behavioral Sciences », thèse de doctorat (mathématiques appliquées), Université Harvard, 1974.

11. J. J. Hopfield, « Neural Networks and Physical Systems with Emergent Collective Computational Abilities », dans *Proceedings of the National Academy of Science* USA, vol. 79 (1982), pp. 2554-2558.

12. *Ibidem.*

13. *Ibidem.*

14. R. E. Howard, L. D. Jackel et H. P. Graf, « Electronic Neural Networks », dans AT & T *Technical Journal*, mai 1988, pp. 58-64.

15. J. M. Zurada, *Introduction to Artificial Neural Systems*, West Publishing Co., 1992, p. 254.

16. M. Defernez, E. K. Kemsley et R. H. Wilson, « Use of Infrared Spectroscopy and Chemometrics for the Authentification of Fruit Purees », dans *Journal of the Science of Food and Agriculture*, 43 (1995), pp. 109-113.

17. J. K. Holland, R. H. Wilson et E. K. Kemsley, « Detecting Adulteration of Rasberry Pulps », dans *Food Testing and Analysis*, vol. 3, no 3 (1997), pp. 20–22, 44.

18. R. Briandet, E. K. Kemsley et R. H. Wilson, « Approaches to Adulteration Detection in Instant Coffees Using Infrared Spectroscopy and Chemometrics », dans *Journal of the Science of Food & Agriculture*, 71 (1996), pp. 359-366.

19. David Applegate, des Laboratoires AT & T Bell, Robert Bixby, de l'Université Rice, Vasek Chvátal, de l'Université Rutgers, et William Cook, de Bellcore.

20. D. S. Johnson et L. A. McGeoch, « The Traveling Salesman Problem : A case Study in Local Optimisation », dans E. H. L. Aarts et J. K. Lenstra (éds.), *Local Search in Combinatorial Optimization,* New York, John Wiley & Sons, 1997.

21. J. J. Hopfield et D. W. Tank, « "Neural" Computation of Decisions in Optimization Problems », dans *Biol. Cybern.*, 52 (1985), pp. 141-152.

22. J. J. , Hopfield et D. W. Tank, « Computing with Neural Circuits : A Model », dans *Science*, vol. 233 (1986), pp. 625-633.

23. D. S. Johnson et L. A. McGeoch, « The Travelling Salesman Problem : A Case Study in Local Optimization », dans E. H. L. Aarts et J. K. Lenstra (éds.), *Local Search in Combinatorial Optimization,* New York, John Wiley & Sons, 1997, pp. 215-310.

24. S. Amin, « A Self-Organized Travelling Salesman », dans *Neural Computing and Applications*, 2 (1994), pp. 129-133.

25. T. Kohonen, « Self-Organization and Associative Memory », Berlin, Springer-Verlag, 1984.

26. T. Kohonen, « The "Neural" Phonetic Typewriter », *IEEE Computer*, 27(3) (1988), pp. 11-22.

27. D. S. Johnson et L. A. McGeoch, « The Travelling Salesman Problem : A Case Study in Local Optimization », dans E. H. L. Aarts et J. K. Lenstra (éds.), *Local Search in Combinatorial Optimization,* New York, John Wiley & Sons, 1997.

chapitre 6

LES SOLUTIONS PAR L'ÉVOLUTION

LA GÉNÉTIQUE

Quand les organismes vivants se reproduisent, leur progéniture hérite des traits caractéristiques de leurs géniteurs. Les humains ont des bébés, les mouches pondent des œufs qui, à maturité, deviennent d'autres mouches, et les graines des pommes poussent pour devenir des pommiers. Les traits spécifiques qu'ont en commun ces groupes d'organismes déterminent leur espèce. Ce dernier terme a une signification précise pour les biologistes, qui ont répertorié et décrit plus de trois millions d'espèces. Mais, familièrement, une espèce est un groupe d'individus (plantes, animaux, insectes, etc.) qui présentent une structure et un comportement très semblables et qui peuvent se reproduire entre eux.

Longtemps, on a pensé que les espèces étaient immuables, que chaque espèce animale ou végétale avait toujours été dans le passé telle qu'on la voit aujourd'hui. Mais, il y a quelque 150 ans, dans *De l'origine des espèces par voie de sélection naturelle*, le naturaliste anglais Charles Darwin formula la théorie révolutionnaire que tous les organismes vivants proviennent de formes de vie apparues sur la terre dans un passé très lointain. (La théorie de Darwin, publiée en 1859, portait un sous-titre plus évocateur d'un essai socialement inacceptable que d'un travail en sciences naturelles :

« La préservation des races favorisées dans la lutte pour la vie ».) Depuis Darwin, une espèce est désormais considérée comme une population soumise à des changements dynamiques et formée d'individus eux aussi changeants, dont certains peuvent éventuellement évoluer en d'autres espèces. Les mécanismes principaux par lesquels cette évolution se produit sont la sélection naturelle et la mutation, l'une et l'autre étant intimement reliées aux processus qui permettent aux parents de transmettre à leurs descendants certaines caractéristiques.

L'étude scientifique de la façon dont les traits héréditaires sont transmis des parents à leur progéniture s'appelle la génétique. Le père de cette branche de la biologie est incontestablement le moine autrichien Gregor Mendel, qui en a découvert les lois fondamentales après avoir observé la reproduction des plants de petits pois. Dans un pur esprit scientifique, il prépara une série d'expériences ingénieuses pour vérifier ses hypothèses ; il fut aussi le premier à faire appel à des concepts mathématiques dans la recherche en biologie. Les idées de Mendel étaient indéniablement avant-gardistes. Son apport fondamental n'a pas été reconnu avant 1900, soit seize ans après sa mort et plus de trente ans après la publication de ses découvertes dans une revue scientifique. Mais si Mendel ne réussit pas à convaincre ses contemporains, il resta persuadé de la justesse de ses conjectures. « Mon temps viendra », aurait-il dit peu avant sa mort.

Et son temps arriva. Nous savons aujourd'hui que les traits héréditaires tels que la couleur des yeux chez les animaux ou la forme des feuilles des plantes sont transmis à la génération suivante comme des « unités » discrètes ou gènes (c'était l'idée originale de Mendel). Les gènes sont disposés dans un ordre précis sur certaines parties du noyau d'une cellule appelées chromosomes, porteurs physiques de l'information héréditaire. Le nombre total de gènes dans la cellule varie de 5 ou 10 (un virus) à 100 000 (la cellule humaine). Chacune de ces unités héréditaires contient de l'information biologique codée sur elle — comment produire une certaine protéine, par exemple. La position d'un gène dans le chromosome est en règle générale liée à une fonction ou caractéristique particulière de l'organisme, par exemple la couleur des yeux. Une tension artérielle exceptionnellement haute chez certaines personnes a récemment été associée à certains gènes, gènes que les chercheurs essaient d'isoler.

Les formes différentes d'un même gène constituent ses allèles. Par exemple, rouge et blanc sont les noms des deux allèles du gène qui déterminent la couleur des yeux des drosophiles ou mouches du vinaigre. Certains organismes animaux et végétaux plus complexes dépendent d'une structure génétique diploïde ou structure génétique à double hélice dans laquelle les chromosomes se présentent par paires. Chacun des deux chromosomes homologues situés dans la paire contient de l'information pour les mêmes fonctions. Dans la cellule humaine, il y a 23 paires de chromosome.

Dans les applications des idées génétiques au calcul, il est pratique d'imaginer un « chromosome » abstrait comme une chaîne finie de n symboles représentant les « gènes ». Chaque gène peut apparaître sous plusieurs formes — ses allèles. Par exemple, si les allèles sont des bits (0 ou 1), alors un chromosome est un mot binaire tel que

1101100010110100

Ici, $n=16$; le premier gène est 1 et le 15e gène est 0.

LES POPULATIONS ET LA SÉLECTION NATURELLE

Une population est un groupe d'individus de la même espèce, vivant et se multipliant dans un isolement relatif par rapport aux autres groupes — une colonie de lapins sauvages dans une certaine île, par exemple. À cause de la reproduction et de la mort, la composition du groupe change constamment. Chaque membre d'une population possède à la fois un génotype et un phénotype. Un génotype est l'ensemble particulier des gènes dont l'individu est porteur ; un phénotype désigne l'apparence physique réelle ou les caractéristiques visibles de celui-ci. La relation entre les deux est complexe, le phénotype d'un individu étant déterminé par son héritage (génotype) mais aussi partiellement par son milieu. Il peut sembler évident que les gènes n'existent que pour favoriser la reproduction des phénotypes. Mais certains biologistes ont soutenu que les desseins de la nature vont dans un tout autre sens : les oiseaux, les vaches et les humains sont des mécanismes que les gènes ont inventés pour se perpétuer eux-mêmes, autrement dit nous n'existerions que pour nos gènes, et non pas l'inverse.

La population interagit avec son milieu et est modifiée par lui (les conditions climatiques, les ressources alimentaires, les prédateurs, les autres populations et ainsi de suite). Puisque les organismes varient dans leurs caractéristiques physiques (phénotype), certains individus (et leurs gènes) ont plus de chances de survivre que d'autres dans un milieu donné. Ainsi, le milieu sélectionne implicitement qui doit vivre et qui doit mourir. Pour augmenter ses chances de survie, la population a sa propre stratégie : l'adaptation. L'incapacité à s'adapter se paye à fort prix : par l'extinction.

L'adaptation ne procède pas d'une manière arbitraire, en mettant à l'essai des phénotypes au hasard jusqu'à tomber fortuitement sur le meilleur. Il s'agit plutôt d'un processus graduel, par lequel les bons individus sont progressivement modifiés pour en produire de meilleurs. Darwin a défini la sélection naturelle comme étant la conservation des variations favorables et le rejet de celles qui sont nuisibles. Par conséquent, les organismes bien adaptés survivent et se reproduisent, et transmettent à leurs descendants leur précieuse information génétique, alors que ceux qui s'adaptent moins bien sont éliminés. D'où la survie du plus apte, idée clé dans les arguments évolutionnistes de Darwin. Sur plusieurs générations, les proportions relatives des différents phénotypes dans une population changeront à l'avantage de ceux qui sont les mieux adaptés. (Mais ici se cache une tautologie : l'adaptabilité d'un individu se définit par sa capacité à jouer le jeu de la survie ; or ceux qui survivent sont les plus aptes à... survivre ; donc...).

Comme les véhicules physiques de l'hérédité sont les chromosomes, c'est à ce niveau que l'évolution opère en vue de modifier les caractéristiques des individus. Certaines combinaisons d'allèles pour différents gènes peuvent augmenter considérablement la performance du phénotype. On peut ainsi percevoir l'adaptation comme la recherche des « bonnes » associations d'allèles au moyen de changements dans la constitution génétique. De tels changements génétiques se produisent au moyen de processus dans lesquels le hasard joue un rôle fondamental. Ce fait constitue le principe directeur pour l'application des idées évolutionnistes à l'informatique.

La totalité des chromosomes dont sont porteurs les membres d'une population constitue le pool chromosomique (ou génétique). Ceci correspond en règle générale à une fraction infiniment petite de tous les chromosomes imaginables. Dans le cas des chromosomes humains, il faudrait plus de deux milliards de chiffres pour écrire en notation décimale le nombre de variétés possibles. Il n'y a pas d'inconvénient à imaginer que l'adaptation puisse se faire par étapes discrètes, ou « générations ». Ainsi, si $C(t)$ est le pool chromosomique à un moment donné t, alors $C(t+1)$ constituera, une génération plus tard, la totalité des chromosomes dans la population. En général, $C(t+1)$ contiendra de nouveaux chromosomes aussi bien que d'autres qui sont déjà dans $C(t)$, tandis que certains chromosomes dans $C(t)$ pourront être perdus. De nouveaux chromosomes peuvent être créés à partir des anciens et ce, de différentes manières : des éléments génétiques peuvent être perdus, réarrangés, échangés ou ajoutés.

Pour les besoins de la modélisation de l'évolution, les deux processus les plus pertinents de la variation chromosomique sont le croisement (*cross over*) et la mutation. Au cours du croisement, des segments de deux chromosomes différents échangent leurs positions respectives, en séparant certains traits et en reliant d'autres dans de nouvelles — et peut-être bénéfiques — associations (voir figue 3.8). Un tel échange de matériel génétique arrive lorsque le sperme et l'ovule fusionnent. Les mutations sont des changements dans la constitution génétique d'un chromosome qui se produisent spontanément durant la reproduction des cellules ou qui sont causés par la radiation, par des produits chimiques ou par d'autres agents externes. Les mutations ajoutent une touche de hasard aux variations dans le pool génétique : sans elles, l'évolution pourrait être limitée. Les équivalents abstraits du croisement et des mutations jouent un rôle fondamental dans l'efficacité des algorithmes « génétiques » que nous allons présenter maintenant.

FIGURE 3.8

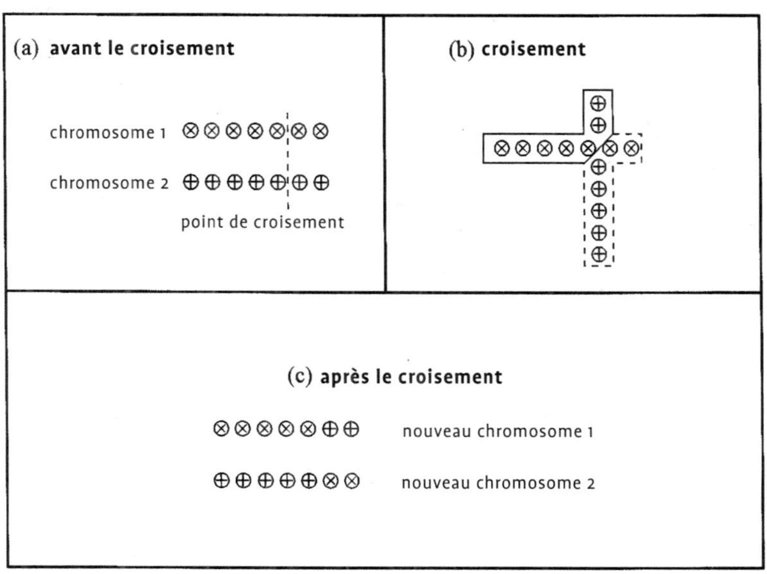

FIGURE 3.8. Croisement. Segments de deux chromosomes qui intervertissent leurs positions respectives.

MODÉLISER L'ÉVOLUTION

L'adaptation des populations naturelles vise à améliorer les chances de survie du groupe. De leur côté, les modèles informatiques de l'évolution cherchent surtout à « engendrer » un individu exceptionnel dont le « code génétique » représente la solution optimale ou presque optimale d'un problème. Mais pour accroître la probabilité qu'un tel événement se produise, le modèle doit peu à peu améliorer la qualité moyenne de « générations » entières de solutions potentielles, exactement comme c'est le cas pour la biologie. Ci-après, nous donnons un exemple très simple de ce processus, reportant à plus tard une analyse détaillée du modèle.

Notre problème consiste à trouver le nombre entier x entre 0 et 127 pour lequel une fonction mystérieuse $f(x)$ — qui sera révélée plus tard — prend sa valeur maximale. Chacun des nombres 0, 1, 2,..., 126, 127 est une solution potentielle. Biologiquement parlant, ils sont les phénotypes possibles de l'espèce. (Pour ne pas compliquer l'exemple, nous avons restreint le nombre de solutions potentielles à quelques douzaines. Dans une situation réelle, où le nombre de possibilités serait astronomique, il est hors de question d'essayer de découvrir le maximum par le calcul systématique de toutes les valeurs $f(x)$ de la fonction.) On peut considérer la fonction f comme mesurant l'« adaptabilité » d'une solution potentielle x, à savoir comment x a réussi dans le « milieu ». Plus grand est le score $f(x)$, meilleure est la qualité du phénotype x. Notre but est alors de trouver un x dont l'adaptabilité est la plus grande possible.

La représentation graphique de f apparaît dans la figure 3.9. Comme c'est le cas pour n'importe quelle fonction d'adaptabilité, le graphe comporte plusieurs sommets et plusieurs creux. Les plus hauts sommets correspondent aux meilleurs individus, c'est-à-dire aux solutions optimales. Les autres sommets sont des maximums locaux, à savoir les meilleures solutions pour les valeurs de x restreintes à un certain voisinage. Nous pouvons constater qu'il y a deux solutions optimales, $x = 42$ et $x = 85$. Bien entendu, dans n'importe quel problème non banal le graphe de la fonction d'adaptabilité ne peut pas être tracé, et encore moins examiné, si bien que nous ne possédons aucun indice concernant l'identité des plus aptes ou dans quelle région les chercher. Tout ce que nous pouvons faire, c'est tester les solutions individuelles par rapport à leur adaptabilité et utiliser au mieux cette information pour « engendrer » de meilleures solutions. Dans ce qui suit, nous allons mettre en évidence une méthode de résolution qui ne suppose aucune connaissance de *f* autre que la possibilité de calculer les valeurs $f(x)$ une à la fois.

La stratégie d'un algorithme génétique est basée sur les mécanismes de la sélection naturelle et de l'évolution. Sa mise en œuvre requiert normalement des ressources de calcul considérables pour stocker les données, automatiser les opérations et accélérer l'horloge évolutionniste. Après certaines étapes préliminaires (codage, sélection du pool de solution initial, etc.), le plan évolutionniste procède de manière cyclique, pour produire une nouvelle « génération » de solutions potentielles après chaque cycle. Une combinaison de hasard et de « reproduction » contrôlés favorisera à la longue l'apparition d'excellentes solutions, peut-être après des milliers de générations. Mais il n'est pas garanti que le modèle produira une solution optimale ou presque optimale. La raison de la réussite éventuelle du processus repose sur des arguments statistiques plutôt que sur une preuve mathématique exacte. Néanmoins, il y a de solides témoignages expérimentaux selon lesquels, dans de bonnes conditions, le modèle fonctionne pour certains types de problèmes. Voici les principales phases de l'algorithme.

1. LE CODAGE. Nous précisons d'abord un « code génétique » pour chaque solution potentielle x. Ceci peut se faire en écrivant le nombre x dans la base 2. Par exemple, si $x = 13$, alors son code sera la chaîne binaire 1101 ; si $x = 65$, son code sera 1000001. (Le codage binaire est basé sur les puissances de 2. Ainsi, 13 est représenté par la chaîne binaire 1101 parce que $1 \times 2^3 + 1 \times 2^2 + 0 \times 2^1 + 1 \times 2^0 = 8 + 4 + 0 + 1 = 13$.)

2. LA POPULATION INITIALE. Un petit ensemble de chaînes est choisi au hasard dans le pool de solution pour former la population initiale, ou génération 0 ; sur cet ensemble, l'adaptabilité $f(x)$ de chaque x est évaluée. La composition d'une population initiale de six chaînes est donnée ci-dessous.

FIGURE 3.9

FIGURE 3.9. Le graphique d'une fonction mystérieuse.

Génération 0 (population initiale)

phénotype code (génotype)	adaptabilité (= f (x_i))	
$x_1 = 5$	s_1 = 0000101	3
$x_2 = 38$	s_2 = 0100110	4
$x_3 = 11$	s_3 = 0001011	3
$x_4 = 24$	s_4 = 0011000	2
$x_5 = 112$	s_5 = 1110000	1
$x_6 = 79$	s_6 = 1001111	2
Adaptabilité globale		= 15

3. LE CLONAGE. Deux chaînes ou plus de la population actuelle sont choisies au hasard pour « s'accoupler ». Pour favoriser la reproduction des individus les plus performants, la probabilité qu'une chaîne soit choisie est proportionnelle à son adaptabilité. Dans l'exemple ci-dessus, l'adaptabilité de la chaîne s_2 est deux fois celle de la chaîne s_6. Donc s_2 a deux fois plus de chances que s_6 d'être sélectionnée. Des copies, ou clones, des chaînes sélectionnées sont fabriquées, celles-ci constituant toutes le pool de reproduction.

4. LA REPRODUCTION. Les chaînes qui s'accouplent (disons s_1 et s_2) échangent des segments de gènes consécutifs par croisement pour créer deux enfants; par exemple, ils peuvent échanger leurs trois derniers gènes :

PARENTS	ENFANTS
0000**101**	0000**110**
0100**110**	0100**101**

La longueur et la position des segments permutables sont déterminées par le hasard chaque fois qu'un accouplement a lieu. Dans l'exemple ci-dessus, les chaînes ont échangé leurs gènes no 5 à 7.

5. LA MISE À JOUR DE LA POPULATION. La progéniture qui résulte de l'accouplement remplace soit des chaînes dont l'adaptabilité est faible soit des membres de la population choisis au hasard, selon le choix du schéma particulier de mise à jour. Si nous supposons que les chaînes à remplacer sont s_1 et s_6, alors la composition de la génération suivante est montrée ci-dessous (une procédé de décodage s'applique à chaque chaîne avant le calcul de son adaptabilité) :

La génération 1

Code (génotype)	Chaîne décodée (x)	*Adaptabilité* (= $f(x)$)
0000110	6	2
0100110	38	4
0001011	11	3
0011000	24	2
1110000	112	1
0100101	37	5
	Adaptabilité globale	= 17

Il est à remarquer que, dans cette nouvelle génération, une solution d'adaptabilité 5 est survenue ($x=37$), qui est la meilleure jusqu'à présent. Dès lors, l'adaptabilité moyenne de la population est désormais de 2,83 (=17 / 6), mieux que la moyenne de 2,50 de la génération précédente. Toutefois, ces améliorations locales après une seule génération ne sont pas significatives et ne fournissent aucune indication comme quoi le modèle marcherait selon l'optique souhaitée. Ce n'est qu'après de multiples répétitions des étapes 3 à 5 que le procédé produira probablement une chaîne d'adaptabilité supérieure. Nous analyserons plus tard les hypothèses sous-jacentes et les explications possibles des résultats que l'on espère tirer du modèle.

Leçons et questions

Nous allons maintenant révéler la vraie nature de la fonction d'adaptabilité telle que représentée dans la figure 3.9. Ce qui semble être une fonction arbitraire compte en fait le nombre de fois que les 0 et les 1 alternent dans le code génétique de x. Plus précisément, l'adaptabilité de x est le nombre d'apparitions des sous-chaînes « 01 » ou « 10 » dans la chaîne qui représente x. Par exemple, $f(34)=4$ parce dans l'encodage de 34, à savoir 0100100, « 01 » et « 10 » apparaissent deux fois chacun. Donc, la qualité (l'adaptabilité) d'un phénotype x se reflète de façon directe dans son code génétique.

Or cette situation est assez exceptionnelle en raison de la nature artificielle de notre problème. Dans une application réelle — quand les chaînes encodent des programmes informatiques, par exemple — il n'y a pas de moyen simple pour déterminer quelles combinaisons d'allèles correspondent aux solutions de qualité supérieure. Seuls le temps et le milieu sont en mesure de le dire. Si nous le savions dès le début, nous pourrions alors construire les chaînes optimales tout de suite et il ne serait pas nécessaire de simuler l'évolution. En d'autres termes, la sélection naturelle serait remplacée par le génie génétique. Dans l'exemple ci-dessus, si nous avions su que plus les 0 et les 1 s'entrelacent, meilleures sont les chaînes, nous aurions tout de suite trouvé les chaînes dont l'adaptabilité est optimale en faisant alterner à chaque position : 1010101 (ce qui correspond au phénotype $x = 85$) et 0101010 ($x = 42$).

Même en présence d'un schème de codage favorable, il existe un facteur qui pourrait empêcher le plan de produire une solution optimale : le manque de diversité génétique suffisante. Le modèle ci-dessus crée de nouvelles combinaisons génétiques par croisement. Mais, s'il arrive que toutes les chaînes dans la population initiale ont le même allèle dans une certaine position, ce trait génétique persistera durant toutes les générations futures. Par exemple, si toutes les chaînes du pool initial se terminent par 0, alors aucune quantité de croisements ne parviendra jamais à produire une chaîne se terminant par 1, la solution optimale 1010101 ne pouvant être obtenue. Dans le cas où les deux dernières positions de chaque chaîne initiale sont 0, les deux solutions optimales seront hors de portée de l'évolution. Inspirés de la nature, les algorithmes évolutionnistes, d'une manière générale, comportent aussi un opérateur de mutation pour s'assurer contre la stagnation génétique.

Notre exemple tout simple a illustré les aspects les plus marquants des algorithmes génétiques :

LE CODAGE. Les solutions potentielles sont représentées par leur « code génétique », sous forme, par exemple, de chaînes binaires.

LE POOL DES SOLUTIONS. Un petit nombre de chaînes forment une « population » de solutions potentielles dont l'algorithme se sert pour chercher de meilleures solutions.

LE TEST DE PERFORMANCE. La qualité d'une solution est évaluée par un nombre qui représente son « adaptabilité ».

LA VARIATION. De nouvelles combinaisons génétiques sont créées, par exemple, par croisement (« reproduction sexuelle »).

LA SÉLECTION. Ceux qui sont performants ont plus de chances de se reproduire que ceux qui ne le sont pas.

L'ÉVOLUTION. Les individus nouvellement créés remplacent certaines chaînes du pool des solutions (ou toutes) pour former la prochaine génération.

LE NON-DÉTERMINISME. Certaines opérations comportent des choix aléatoires ou des règles fondées sur la probabilité.

LA MUTATION. Des changements locaux aléatoires (mais non fréquents) peuvent se produire dans le code génétique pour accroître la diversité.

Variation, sélection, évolution. Une stratégie séduisante, surtout quand nous faisons face à un problème pour lequel n'est connue aucune méthode efficace de solution. Mais beaucoup de questions subsistent : quel est le codage approprié des solutions ? comment pouvons-nous mesurer l'adaptabilité ? combien de temps mettra une solution optimale ou presque optimale pour apparaître et à quoi la reconnaîtra-t-on ? le procédé donnera-t-il le résultat escompté ? Ce sont là, en effet, de très bonnes questions, tellement bonnes que la seule réponse honnête que nous puissions donner est que, en général, nous ne savons pas. Ce qui ne signifie pas qu'il n'y a pas de réponses partielles ou même des réponses complètes et très satisfaisantes dans certains cas, comme nous allons le démontrer dans les sections qui suivent.

LE CADRE MATHÉMATIQUE

> La théorie devrait nous fournir des moyens de prévision
> et de contrôle qui ne soient pas suggérés directement
> par des compilations de données ou par du simple bricolage.
> (JOHN H. HOLLAND)[1].

Le métissage et la sélection naturelle sont présents spontanément dans le monde vivant. Depuis longtemps, les êtres humains ont compris l'utilité de ces mécanismes et les ont reproduits en vue de créer de meilleures récoltes ou d'obtenir... des fleurs exotiques. L'évolution biologique a aussi inspiré un mathématicien américain, mais dans un but différent, à savoir celui de développer des organismes supérieurs. Son ambition, en imitant les plans de la nature, fut de « produire » des solutions efficaces à certains problèmes complexes, et plus particulièrement à ceux qui résistent généralement aux méthodes de solution traditionnelles.

John Holland pourrait être décrit comme un esprit universel ou un scientifique multidisciplinaire. Titulaire de diplômes en physique, en mathématiques et en sciences de la communication, il est professeur de psychologie, de génie électrique et d'informatique à l'Université du Michigan. La publication en 1975 de son livre *Adaptation in Natural and Artificial Systems*[2] marqua le lancement officiel de l'algorithme génétique, technique de simulation de l'évolution sur ordinateur, qu'il avait commencé à mettre au point durant les années 60. Le livre de Holland a constitué, depuis, un cadre mathématique pour l'étude théorique et la mise en œuvre de stratégies adaptatives. Ces processus jouent un rôle fondamental non seulement en biologie mais également dans des domaines aussi divers que la psychologie, l'économie, le calcul numérique et l'intelligence artificielle.

Comme cela fut le cas pour les ensembles flous, il fallut un certain temps avant que le potentiel de ces nouvelles idées soit totalement apprécié. Pendant plusieurs années, la recherche sur les systèmes adaptatifs fut surtout le fait de Holland et de ses étudiants, jusqu'à ce que l'intérêt pour ce genre de techniques commence à se répandre au milieu des années 80. On estime que le nombre de chercheurs qui étudient aujourd'hui les algorithmes génétiques s'élève à quelques centaines. Il existe d'ailleurs un consortium interdisciplinaire, le Santa Fe Institute, qui se consacre à l'étude de ces systèmes, les appliquant aussi bien à l'économie qu'à l'écologie. Pour donner au lecteur un aperçu de la façon dont les algorithmes génétiques fonctionnent, nous allons recourir à des métaphores géométriques.

La recherche dans l'espace

L'emploi d'un algorithme génétique pour résoudre un problème donné requiert des opérations préliminaires, à commencer par l'encodage des solution potentielles dans un format qui ressemble à la façon dont l'information est contenue dans un chromosome — un choix populaire consiste à représenter chaque solution possible comme une chaîne binaire. Il est également nécessaire de pouvoir évaluer de façon raisonnable la « qualité » des solutions. Ceci se fait habituellement en assignant à chaque solution possible un nombre unique, son adaptabilité, ce qui a pour effet de ranger les solutions sur une échelle linéaire. Le choix d'un système de codage et d'une fonction d'adaptabilité convenables n'est pas aussi facile qu'il semble ; ils sont peut-être les parties les plus cruciales et les plus difficiles de tout le processus.

Imaginons que la collection de toutes les solutions forme une surface plane, chaque solution (encodée comme une chaîne binaire) devenant un point sur ce plan. (Bien qu'elle soit une image commode, une telle représentation présuppose que l'ensemble des solutions potentielles possède une structure plutôt simple.) Cette surface plane s'appelle l'espace de recherche. En cherchant parmi ses points, nous espérons repérer les chaînes de grande adaptabilité qui encodent les meilleures solutions de notre problème (nous parlerons indifféremment de « points » ou de « chaînes »). Il est bon de rappeler que le nombre de solutions possibles est d'habitude tellement grand qu'une recherche systématique, chaîne par chaîne, est hors de question.

Imaginons maintenant une seconde surface, irrégulière, qui ressemble à un paysage de pics et de vallées flottant au-dessus de l'espace de recherche. Posé directement au-dessus de chaque chaîne *s*, il y a un point de ce paysage. L'espace qui sépare l'un et l'autre est proportionnel à l'adaptabilité de *s* : plus le point est haut, meilleure est la qualité de la solution encodée par *s*. Notre but est de repérer les chaînes au-dessus desquelles la surface d'adaptabilité est la plus élevée possible. Ceci serait facile si nous pouvions « voir » réellement les sommets du paysage. Mais, naturellement, nous ne le pouvons pas, de sorte que la recherche doit être menée entièrement au ras du sol, c'est-à-dire par l'intermédiaire des propriétés des chaînes elles-mêmes.

Puisque la « population » initiale des chaînes est choisie au hasard, ces chaînes seront réparties n'importe comment dans l'espace de recherche. L'algorithme génétique est conçu pour que les futures « générations » soient surtout composées de chaînes qui se trouvent dans les régions de l'espace de haute adaptabilité. La clé de l'efficacité de l'algorithme réside dans son parallélisme implicite, propriété qui lui permet d'explorer de vastes régions de l'espace de recherche tandis qu'il manipule relativement peu de chaînes.

LES SCHÉMAS

Une des hypothèses fondamentales qui sous-tend un algorithme génétique est que le secret du succès d'une chaîne est caché dans son code génétique, bien que nous ne puissions jamais savoir où exactement. En exploitant les similitudes structurales parmi les chaînes à haute adaptabilité, l'algorithme rend plus probable l'apparition de chaînes à adaptabilité encore plus haute. Et, ainsi, des configurations d'allèles, connues sous le nom de schémas, jouent un rôle central dans la stratégie de la recherche. L'objet à long terme de l'algorithme est de favoriser la prolifération des « bons » schémas parmi la population des chaînes.

Un schéma est une configuration particulière d'allèles dans certaines positions d'une chaîne. Par exemple, le schéma 00 * * 1 * * * * 1 indique que la chaîne doit commencer par deux 0 et avoir un 1 dans les cinquième et dixième positions; l'astérisque (*) dans les emplacements qui restent se veut le symbole de « sans importance », ce qui signifie en d'autres mots que l'un ou l'autre allèle—0 ou 1—peut apparaître ici. Chaque schéma décrit une certaine région du plan de recherche, à savoir l'ensemble de ces chaînes conformes au schéma dans les positions spécifiées. Le schéma ci-dessus comprend 6 positions du genre « sans importance »; donc, il décrit un ensemble de 64 (= 2^6) chaînes qui inclut **0000111111** et **0001110001** mais non **0100111111.** (Le nombre 64 est obtenu par l'application d'un principe de dénombrement. Les lecteurs qui ne sont pas au courant de ces techniques ne manquent rien d'important, à moins qu'ils ne veuillent par eux-mêmes vérifier nos calculs!)

Inversement, une chaîne donnée de longueur *k* est un exemple de 2^k schémas différents. Par exemple, 1001101000 est décrite par 2^{10} (=1024) schémas. Ils incluent 1 * * * * * * * * *, 10 * * * * * * * 0, * 0 0 * 1 0 1 * * *, et ainsi de suite. Comme l'a fait remarquer Holland, lorsqu'on calcule l'adaptabilité d'une chaîne, on obtient également de l'information sur les 2^k schémas qui décrivent la chaîne. Ainsi, une chaîne de qualité supérieure fournit de l'information sur la position possible des régions de haute adaptabilité dans l'espace de recherche. Cette caractéristique de l'algorithme—le fait de tester de nombreux schémas en testant une seule chaîne—équivaut à effectuer de nombreux calculs en parallèle.

Il y a une notion d'adaptabilité associée à chaque schéma, à savoir la valeur moyenne d'adaptabilité de toutes les chaînes qui, dans la population, correspondent au schéma. En sélectionnant les chaînes pour l'accouplement avec une probabilité proportionnelle à leur adaptabilité, l'algorithme favorise la reproduction des schémas de haute adaptabilité. Ainsi, en arrière-plan de la population de chaînes toujours variable, une recherche concomitante a lieu: la chasse aux schémas les plus performants. En utilisant des arguments probabilistes, Holland a évalué dans quelle mesure on peut s'attendre à ce que le nombre de chaînes correspondant à un schéma donné change d'une génération à l'autre. Dans son théorème des schémas, appelé aussi *théorème fondamental des algorithmes génétiques*, Holland démontre qu'un schéma proliférera d'autant plus vite qu'il contient—mise à part sa haute adaptabilité—un petit nombre d'allèles spécifiques et que ceux-ci sont près les uns des autres. Par exemple, * * 1 * 0 1 * * * * contient trois allèles spécifiques qui se répartissent sur quatre positions. La petite répartition réduit la probabilité que le schéma soit perturbé durant le croisement.

On appelle briques les courtes séquences de gènes avec des valeurs particulières. Les « bonnes » briques sont celles dont la présence est un indicateur statistique de la haute adaptabilité du chromosome. En favorisant la recombinaison des chaînes les plus adaptées, l'algorithme augmente la probabilité que les bonnes briques de différents chromosomes se retrouvent dans un même chromosome. En supposant que l'abondance de bonnes briques soit une bonne chose, alors des chaînes exceptionnelles devront apparaître si le temps nécessaire leur est accordé. Mais, comme le temps équivaut au temps machine, et que cette denrée a un prix, il y a une limite pratique au temps pendant lequel on pourra laisser tourner l'algorithme. À ce sujet, il est grand temps, si nous voulons mesurer la marge qui existe entre la théorie et la pratique, de passer à une véritable application.

LE DILEMME DU PRISONNIER

> Au lieu de poser une question compliquée (comme doivent l'être toutes les questions importantes d'ordre psychologique) et de proposer une réponse très simple (souvent sous la forme de oui, non ou peut-être), on devrait essayer de poser une question très simple (comme : « Que fera quelqu'un devant un choix entre deux possibilités ? ») et tirer une avalanche de réponses riches et complexes.
>
> (*Réflexion du mathématicien* Anatol Rapoport *sur la méthode expérimentale en psychologie*)[3].

Le dilemme du prisonnier est le surnom donné à un jeu tout simple entre deux personnes, jeu pour lequel il n'y a pas de solution satisfaisante, en ce sens que la stratégie rationnelle mène à un résultat qui est pire pour les deux joueurs que s'ils faisaient des choix « irrationnels ». Le nom a été inspiré par l'hypothétique situation critique de deux suspects d'un crime (effectivement commis par chacun) gardés dans deux cellules séparées. La police leur promet l'immunité si, en échange, chacun des deux fait une déposition contre l'autre. Tant qu'il en va de l'intérêt individuel pour chacun d'avouer, indépendamment de ce que fait l'autre, l'intérêt commun est de garder le silence.

Les règles du jeu sont assez simples. Chaque joueur a deux cartes étiquetées *C* (pour coopération) et *D* (comme dans défection). Un tour consiste à faire jouer aux deux personnes (simultanément) l'une des deux cartes. Un résultat est associé à chaque tour, résultat qui peut être une récompense ou une amende, selon la décision de chacun des deux de jouer telle ou telle carte. Si les deux joueurs jouent la carte *C*, ils reçoivent chacun 8 points; si, au lieu, ils jouent *D*, chacun des deux perd 3 points. Dans le cas où ils jouent deux cartes différentes, celui qui joue la carte *D* gagne 10 points, tandis que celui qui a joué la carte *C* reçoit une amende de 10 points. Il va sans dire que les joueurs n'ont, d'aucune façon, la permission de communiquer entre eux. Un nombre convenu de tours joués successivement (disons, cent) constitue une partie.

Les différents résultats peuvent être interprétés à la lumière de la situation qui a inspiré le nom du jeu. Si le prisonnier *A* cède à la tentation et accepte le marché, alors que *B* refuse de confesser son crime, dans ce cas la tentation est payante et *A* est relâché (T = + 10 points pour *A*), tandis que *B* — le « dindon de la farce » — reçoit une sentence sévère (*F* = - 10 points pour *B*). Si les deux avouent, il s'en tirent avec une peine plus légère (*P*=-3 points chacun) pour avoir collaboré avec la police. Mais si aucun des deux prisonniers ne se dégonfle, la police ne possède aucun élément qui lui permette de les retenir : elle doit les libérer tous les deux. Les suspects sont alors récompensés pour avoir coopéré l'un avec l'autre (R = + 8 points chacun).

La connaissance des règles du résultat ne permet à aucun des deux joueurs de concevoir à priori une stratégie gagnante. La conséquence du choix d'une carte par joueur — entraînant une récompense ou une amende — dépend du choix imprévisible de l'autre. Néanmoins — et ceci constitue un aspect intéressant du jeu —, l'histoire des tours passés, connue des deux joueurs, peut leur servir à orienter leurs décisions futures. Dans le jargon technique de la théorie des jeux, un jeu à somme nulle est un jeu dans lequel un joueur ne peut gagner qu'aux dépens de l'autre ; autrement dit, le gain de l'un égale la perte de l'autre, de sorte que la somme (algébrique) des points attribués aux deux joueurs lors de n'importe quel tour est toujours égale à zéro. Le dilemme du prisonnier n'est pas, pour cette raison, un jeu à somme nulle, puisque les deux joueurs peuvent gagner (ou perdre) des points dans un tour donné.

Le nombre de points pour la tentation (*T*), le marché de dupe (*F*) [dindon de la farce], la punition (*P*) et la récompense (*R*) peuvent être répartis de différentes façons et les stratégies de jeu peuvent varier en conséquence. Ceci a été confirmé par une série d'expériences menées à l'Université du Michigan, dans les années 60, avec des étudiants engagés comme joueurs. Une de ces expériences, par exemple, montra que lorsque la récompense attachée à la coopération était augmentée de $R=1$ à $R=9$, les autres résultats restant les mêmes, la carte C (c'est-à-dire la coopération) sortait selon une fréquence moyenne qui passait de 46 à 73 %.

JOUER LE JEU

Le dilemme du prisonnier a servi aux psychologues pour étudier le comportement humain dans des situations comportant l'alternative coopération/défection, et aux spécialistes des sciences politiques qui s'intéressent à la dynamique des conflits internationaux. Les tournois sur ordinateurs ont opposé différentes stratégies de jeu les unes aux autres. Le plan de jeu « coup pour coup » (*tit for tat*) est une des stratégies les plus efficaces, malgré sa simplicité désarmante. Elle commence par la coopération au premier tour et par la suite joue ce que l'adversaire a fait dans l'essai précédent, autrement dit elle récompense la coopération par la coopération et punit la défection par la défection. Cette stratégie du « coup pour coup » fut la gagnante au classement général dans un concours d'ordinateurs organisé en 1979 à l'Université du Michigan par Robert Axelrod, spécialiste des sciences politiques et expert de la résolution des conflits. Un total de 62 stratégies, dont certaines plutôt complexes, furent présentées par des experts de la théorie des jeux, par des mordus d'informatique et par des professeurs de différentes disciplines scientifiques. On avait également présenté la stratégie du « laisser faire le hasard », c'est-à-dire jouer C ou D à l'aveuglette avec une égale probabilité. Toutes furent battues par la recette toute simple du « coup pour coup » proposée par le mathématicien Anatol Rapoport.

Les succès d'un plan de jeu aussi simple intrigua Axelrod, qui se demanda si on ne pouvait pas découvrir d'autres stratégies tout aussi puissantes à l'aide d'un algorithme génétique. Il commença par formuler les stratégies possibles sous la forme de règles de décision. Chacune de ces règles détermine la décision du joueur à partir des résultats des trois tours précédents. Les stratégies sont ensuite encodées comme des chaînes binaires (chromosomes).

Chaque tour comporte quatre résultats possibles : CC, CD, DC et DD, puisque chaque personne peut jouer soit C soit D. Si nous représentons ces résultats par R, F, T et P, alors une séquence de trois tours devient une chaîne de trois lettres. Par exemple, DC, DC, CC deviennent TTR. Chacune de ces 64 ($= 4^3$) chaînes peut s'interpréter comme un nombre de 0 à 63 écrit dans la base 4, avec la correspondance suivante entre les lettres et les nombres : $R=0$, $F=1$, $T=2$ et $P=3$. De cette manière, un rang entre 0 et 63 est assigné à chaque séquence de trois tours. Par exemple, la séquence des tours *DC*, *DC*, *CC* est d'abord écrite comme la chaîne *TTR* et devient ensuite 220 (dans la base 4), qui à son tour décode (dans la base 10) comme dans $2 \times 4^2 + 2 \times 4^1 + 0 \times 1 = 32 + 8 + 0 = 40$ (= le rang de la séquence).

Pour chaque séquence de trois tours, il y a une règle qui dicte au joueur son prochain mouvement. Par exemple, $TTR \rightarrow D$ signifie : si la séquence *TTR* a été jouée, alors veuillez jouer *D*. Une stratégie particulière consiste ensuite en un ensemble de 64 règles (les gènes) qui est codé comme un mot binaire (un chromosome). Chaque bit encode la réponse du joueur, 0 (= *C*) ou 1 (= *D*), et sa position dans le mot correspond au rang de la séquence de trois tours qui a été jouée auparavant. Un exemple va illustrer le principe de codage :

Rang :	0	1	2	...	40	...	62	63
Bit :	1	0	0	...	1	...	0	1

Le mot binaire ci-dessus décode selon l'ensemble de règles suivant (stratégie) :

Le rang	**Les trois derniers essais**		**La carte à jouer**
0	RRR	→	*D*
1	RRF	→	*C*
2	RRT	→	*C*
...	...		...
...	...		...
40	TTR	→	*D*
...	...		...
62	PPT	→	*C*
63	PPP	→	*D*

À vrai dire, chaque mot binaire contient également six autres bits pour représenter le comportement présumé des joueurs à l'ouverture de la partie (c'est-à-dire pendant les trois premiers tours). Par conséquent, 011000 indique que les résultats des trois premiers tours sont, dans l'ordre, *CD*, *DC* et *CC*. Chaque chromosome est pour cette raison un mot de 70 bits, dont les six premiers gènes (bits) représentent l'ouverture de la partie et le reste encode une stratégie particulière. Un calcul rapide montre que le nombre total de chromosomes (c'est-à-dire la taille de l'espace de recherche) excède 10^{21}, ce qui correspond à peu près à dix mille fois l'âge estimé de l'univers en secondes.

À ce sujet, il faut noter que, dans la situation présente, les chromosomes ne représentent pas des solutions à un problème, mais encodent plutôt des règles de comportement. Dans un sens, nous essayons, en effet, de résoudre un problème : celui de faire en sorte que la machine apprenne à jouer à ce jeu (et à gagner). Mais, contrairement à un problème typique d'optimisation, celui d'apprendre à des machines ne possède pas de solution optimale bien définie. La situation ressemble à l'adaptation d'organismes réels à un milieu hostile. Quoique certains individus s'adaptent mieux que d'autres (par exemple, ils peuvent courir plus vite), il n'existe pas de mesure absolue de l'adaptabilité ou une idée de ce qu'est « le meilleur » phénotype. De la même façon, l'adaptabilité des chromosomes d'Axelrod ne peut pas être évaluée par une formule mathématique précise. La qualité d'une stratégie particulière pour jouer à ce jeu ne peut être mise à l'épreuve qu'en... jouant à ce jeu.

L'ÉVOLUTION DES STRATÉGIES

Axelrod constitua un « environnement » pour mettre à l'épreuve les stratégies, ou plutôt les chaînes qui les encodent. Huit adversaires furent choisis parmi les participants du tournoi d'ordinateurs ; ils étaient considérés comme représentatifs des 62 concurrents. Chacune de ces huit stratégies joua une partie de 151 tours contre la chaîne *G* à évaluer. L'adaptabilité de *G* fut ensuite calculée comme la moyenne pondérée des points marquées par *G* dans chacune des huit parties (le choix des poids reflétait la force relative des adversaires, telle qu'elle fut établie par leur rang dans le tournoi).

Travaillant avec une population d'à peine 20 chaînes — rappelons qu'il y en a des quintillions — et après seulement 50 générations, l'algorithme génétique était capable d'apprendre des ensembles de règles, dont la performance moyenne était aussi efficace que celle du plan « coup pour coup », le tenant du titre. Dans 11 des 40 séries (50 générations constituent une série), certaines stratégies battirent même celle du « coup pour coup ». Axelrod lui-même s'émerveilla de ce résultat :

> Dans ces onze séries, la population a élaboré des stratégies qui parviennent à exploiter un des huit représentants (adversaires) au prix d'une coopération un peu moindre avec deux autres. Mais le résultat global est un gain en efficacité.

Il ajoutait :

> Ceci est une réalisation remarquable parce que, pour être capable d'obtenir cette efficacité accrue, une règle [c'est-à-dire une stratégie] doit pouvoir faire trois choses. D'abord, elle doit pouvoir distinguer entre un adversaire et un autre en se basant seulement sur le comportement spontané ou induit de l'autre joueur. Deuxièmement, elle doit pouvoir ajuster son propre comportement en vue d'exploiter un adversaire perçu comme joueur exploitable. Troisièmement — et c'est ce qui est peut-être le plus difficile —, il faut qu'elle puisse réaliser cette distinction et cette exploitation sans trop se mettre en difficulté avec les autres adversaires. Aucune des stratégies soumises au départ du tournoi n'est parvenue à en faire autant[4].

Mais Axelrod fit aussi remarquer que l'algorithme génétique parvenait à trouver des stratégies hautement efficaces alors que celles-ci avaient évolué dans un environnement particulier (celui qui était constitué des huit stratégies sélectionnées parmi celles du tournoi), mais que ces stratégies pourraient ne pas être aussi « robustes » que celle du « coup pour coup » dans d'autres environnements. « En somme, concluait-il, l'algorithme génétique est très bon dans ce que la vraie évolution fait si bien elle-même : élaborer des adaptations hautement spécialisées pour des niches écologiques spécifiques. »

ENSEIGNER À APPRENDRE AUX MACHINES

Le succès d'un algorithme génétique dans la recherche de stratégies gagnantes pour le dilemme du prisonnier n'est pas tout à fait surprenant. Ces algorithmes avaient déjà démontré leurs capacités dans des circonstances semblables en aidant à la programmation de certains systèmes classificateurs. Ces derniers sont des ensembles de règles, à peu près comparables aux systèmes experts, pour accomplir des tâches précises telles que la reconnaissance des formes. Les règles dans un système classificateur forment une population qui évolue sur la base de stimuli et de renforcement provenant de son environnent. L'objet de cette évolution est d'« apprendre » quelles sont les réponses les plus appropriées à un stimulus donné.

L'une des principales raisons de la mise au point des premiers algorithmes génétiques était précisément de construire des machines capables d'apprendre à faire des choses non mécaniques telles que reconnaître des objets, prendre des décisions et contrôler des processus. Étant donné que personne ne savait comment programmer un ordinateur pour qu'il puisse accomplir ce type de tâche, l'idée de rendre la machine capable d'apprendre par elle-même était une alternative naturelle. C'est cette idée fondamentale qui fut à l'origine des réseaux de neurones dont nous avons traité dans le chapitre précédent.

La conception de systèmes d'apprentissage était également sous-jacente à la première application pratique de la logique floue. Au début des années 70, au Queen Mary College de Londres, Abe Mamdani et son étudiant Seto Assilian tentèrent de simuler une machine industrielle simple (une machine à vapeur) avec un programme informatique, pendant qu'un autre programme essayait d'apprendre à la faire fonctionner par tâtonnement. Le programme de contrôle — ainsi le voulait la théorie — devait réussir de mieux en mieux en tirant parti de ses erreurs. Malheureusement (ou peut-être heureusement), le plan ne marcha pas comme prévu, même après que les chercheurs eurent remplacé la simulation par la machine réelle. C'est pourquoi ils abandonnèrent l'idée d'un système d'apprentissage et décidèrent d'essayer une autre approche : ils écrivirent quelques règles heuristiques pour le contrôle du système, puis se servirent de la notion d'ensemble flou de Zadeh pour l'encodage des règles dans un programme informatique. On fournissait ainsi à la machine, directement, par voie empirique, la connaissance pratique d'un opérateur humain. Cette technique se révéla étonnamment efficace et fraya la voie aux nombreuses applications futures du contrôle flou.

Les algorithmes génétiques et les réseaux de neurones diffèrent par leur façon d'aborder la conception de machines qui peuvent apprendre à exécuter des tâches « intelligentes ». Tandis que les premiers favorisent la naissance des meilleures stratégies par le moyen de la compétition, de la sélection et de l'évolution, les réseaux de neurones, eux, apprennent par les exemples et par l'expérience, avec ou sans supervision humaine. Les systèmes flous, de leur côté, produisent des stratégies basées non pas sur l'expérience mais sur leur capacité à comprendre des instructions ; leur connaissance est donc communiquée plutôt qu'acquise.

LE QI ET L'ADAPTABILITÉ

Qu'est-ce que l'intelligence ? Les réponses à cette question fascinante ne manquent pas, ce qui prouve que les philosophes, les psychologues et les scientifiques en général sont toujours à la recherche de la bonne réponse. Le généticien Daniel Cohen estime que le mot *intelligence* décrit la faculté de comprendre notre environnement : elle serait donc une notion relative parce que dépendant de notre éducation. Pour Alain Connes, mathématicien français et lauréat en 1982 de la médaille Fields (le prix Nobel des mathématiques), le concept d'intelligence défie toute définition générale. À cet effet, il croit que les tests de quotient intellectuel ne font qu'évaluer la capacité du sujet à deviner ce que les auteurs du test considèrent comme étant l'expression de l'intelligence.

Quelle que soit sa nature exacte, l'intelligence pourrait concerner non seulement les choses que les cerveaux (humains ou non) peuvent faire, mais aussi de la façon dont ils s'y prennent pour les faire. Des calculateurs humains peuvent exécuter des opérations arithmétiques complexes en un temps incroyablement court ; ils semblent ne suivre aucune démarche : le résultat ne fait que surgir dans leur esprit après quelques secondes. Aussi impressionnante qu'elle puisse être, une telle habileté n'est pas normalement considérée comme une preuve d'« intelligence ». Deep Blue, l'ordinateur d'IBM, parvint à battre le meilleur joueur d'échec que l'humanité pouvait lui opposer, le champion russe Garry Kasparov. Mais la manière dont elle accomplit son exploit était tout sauf intelligente. Avant de faire un mouvement, le programme de Deep Blue soupèse des millions d'options, même si dans n'importe quelle situation de jeu, il n'y a qu'une douzaine de mouvements qui méritent vraiment d'être considérés. Parcourir systématiquement plusieurs millions de manœuvres uniquement pour les éliminer ne correspond pas à l'idée que nous nous faisons de l'intelligence. Sans oublier le fait qu'on doit dire à l'ordinateur qu'une reine vaut plus qu'un cavalier, ainsi que d'autres choses tout aussi évidentes qu'il n'est pas en mesure de découvrir par lui-même.

Bien que Deep Blue ait battu Kasparov dans la partie d'ouverture du match de 1996, le champion mondial demeura invaincu par la suite, gagnant trois parties et faisant match nul dans les deux autres. Il ne faut pas s'étonner que Kasparov ait finalement pris l'avantage. Malgré sa mémoire et sa vitesse prodigieuses, l'ordinateur à la fin fut défait par les connaissances que le joueur humain avait accumulées face au style de jeu mécanique, donc prévisible, de la machine. Si elle veut gagner, Deep Blue doit comporter dans son programme une part d'imprévisibilité inhérente, car, autrement, si son adversaire répète les mouvements qui l'ont menée à la victoire lors d'une rencontre, il est assuré de gagner chaque partie subséquente.

Dans le match de 1997, les choses se passèrent différemment : la machine (sans doute à l'aide d'un programme perfectionné) l'emporta sur

Kasparov. Ce résultat fut accueilli avec des prévisions presque apocalyptiques, comme s'il s'agissait de la fin du jeu d'échecs ou le début de la fin de l'humanité. Nombreux sont ceux qui ne comprirent pas que le match était en fait un affrontement entre des êtres humains, à savoir Kasparov contre l'équipe d'IBM, chaque camp disposant de moyens passablement différents (ce point de vue est confirmé par le fait que c'était un homme — et non la machine — qui effectuait les mouvements sur l'échiquier).

L'ignorance de la nature exacte de l'intelligence n'a pas dissuadé certaines personnes d'essayer de la mesurer. En 1904, le psychologue britannique Charles Spearman employa des techniques statistiques pour déterminer un nombre qu'il appela le facteur général d'intelligence. D'après Spearman, ce nombre, désigné par le symbole *g*, saisit une vraie propriété dans la tête, et peut être mesuré par des tests conçus à cette fin. Bien sûr, les psychométriciens, les spécialistes des sciences humaines et autres penseurs du même genre, ne sont pas tous d'accord avec ce point de vue. Les sceptiques rejettent *g* comme étant une fiction, le produit d'une représentation mathématique particulière de données expérimentales.

Dans son livre *The Mismeasure of Man*[5], le célèbre biologiste Stephen Jay Gould argumente contre l'illusion qui consiste à considérer l'intelligence comme une chose innée, qui se mesure sur une échelle unique. Il termine son chapitre sur l'irréalité de *g* en citant John Stuart Mill : « On a toujours eu une forte tendance à croire que tout ce qui se voit attribuer un nom doit être une entité ou un être doté d'une existence autonome. Au cas où on ne pourrait pas trouver une entité réelle à laquelle correspond le nom, les gens ne supposeraient pas pour autant qu'elle n'existe pas, mais ils s'imagineraient plutôt qu'elle est quelque chose de particulièrement abstrus et mystérieux. »

C'est la prémisse selon laquelle une certaine qualité peut être saisie par un nombre unique qui soutient la notion même d'adaptabilité, idée centrale des algorithmes génétiques. Toutefois, même si on accepte ce principe, la façon précise dont ce nombre peut être calculé demeure un obstacle majeur dans de nombreuses situations pratiques. De semblables questions se posent presque chaque fois que des modèles mathématiques sont construits. En fin de compte, la question de savoir si oui ou non cela a du sens de mesurer un attribut complexe sur une échelle linéaire peut être tranchée moins par des considération philosophiques que par la performance du modèle.

LES SOLUTIONS APPROCHÉES

Les mathématiciens considéreront le problème du commis voyageur comme résolu le jour où quelqu'un aura trouvé un algorithme efficace qui puisse calculer (du moins en principe) le tour le plus court pour des exemples de n'importe quelle taille. Mais, étant donné qu'on a prouvé, comme nous l'avons vu au chapitre 3, que le problème est NP-complet, la plupart des experts, convaincus qu'il n'existe aucune solution générale, se sont tournés vers la construction d'algorithmes qui calculent de bonnes approximations dans un délai raisonnable. L'une des raisons pour lesquelles la solution du problème de 7397 villes (mentionné au chapitre 5) a nécessité des années de calcul réside dans le fait que, comme l'algorithme devait calculer un itinéraire optimal, la plus grande partie du temps de calcul était consacré à vérifier ce caractère optimal (autre confirmation pratique du caractère coûteux de la précision). Des méthodes par approximation, par ailleurs, ont comme objectif le calcul d'un tour un peu plus long que le circuit optimal, mais que l'on peut obtenir en un temps relativement court, même pour un grand nombre de villes. La plupart du temps, de telles solutions approchées sont pratiquement aussi bonnes que la réponse optimale, difficile à atteindre — et certainement d'un bien meilleur rapport efficacité-coût.

On appelle *heuristiques* les stratégies, ou les ensembles de règles, conçues pour trouver des circuits quasi optimaux plutôt que des solutions exactes. Un exemple très simple est l'heuristique du voisin-le-plus-proche, basée sur la règle de sens commun qui consiste à toujours se rendre dans la ville non visitée la plus proche. La stratégie est la suivante : on part de n'importe quelle ville ; on choisit comme deuxième destination la ville la plus proche ; on choisit ensuite comme troisième ville celle qui est la plus proche de la deuxième et qui n'a pas déjà été visitée ; et on continue de la même façon. Quand on a fini de passer par chaque ville, on complète le tour en revenant au point de départ. L'heuristique s'accompagne, en règle générale, d'une sorte d'analyse qui permet à l'utilisateur d'estimer la qualité de l'approximation. Par exemple, s'il y a 10^n villes, l'heuristique du voisin-le-plus-proche construit un tour dont la longueur ne sera pas plus de $(n+1)/2$ fois la longueur du tour optimal. Pour 100 villes, cela donne une solution approchée qui sera, au pire, 50 % plus longue que le tour le plus court (mais dans la pratique elle n'est généralement éloignée du but que d'environ 25 %). Les meilleures heuristiques, qui peu à peu construisent une solution par une sorte processus de croissance, parviennent à s'approcher du tour optimal avec un écart de 10 à 15 %, et ce dans un délai relativement court.

Une performance encore meilleure peut être obtenue par les techniques dites d'optimisation locale, qui consistent à améliorer sans cesse une solution approchée en opérant des changements locaux. Un classique, dans cette catégorie, est l'algorithme inventé par Shen Lin et Brian Kernigham des Laboratoires Bell au début des années 70[6]. Grâce à cet algorithme — ou à certaines de ses versions améliorées —, on peut calculer des solutions à des problèmes portant sur un million de villes, solutions qui, à 1 ou 2 % près, atteignent le niveau optimal. Un autre exemple d'optimisation locale, célèbre et plus direct, est l'heuristique à deux options (*2-opting heuristic*, en anglais). À partir d'un tour donné, celle-ci construit un autre itinéraire par une interversion, ou échange, qui consiste à inverser l'ordre de deux ou de plusieurs villes consécutives. Par exemple, si la suite 45612873 représente l'itinéraire initial de huit villes, inverser l'ordre des quatre dernières villes aboutit à l'itinéraire 45613782. La seule condition quant au choix des villes est que l'inversion produise un tour plus court. Géométriquement, un échange à deux options enlève d'abord deux côtés du graphe qui représente le tour et ensuite relie de nouveau les deux pièces selon l'autre façon possible (figure 3.10). L'algorithme continue d'exécuter les échanges à deux options sur des tours successivement plus courts jusqu'à ce que plus aucun autre échange n'ait lieu qui pourrait diminuer la longueur de l'itinéraire.

LES PIÈGES LOCAUX

La qualité de la solution définitive obtenue par les applications de l'heuristique à deux options dépend en grande partie de la qualité du tour de départ. Ceci constitue un inconvénient commun à beaucoup de techniques d'optimisation (sur une grande variété de problèmes, et pas seulement sur le PCV) désignées par l'expression *piège du minimum local*. La figure 3.11 illustre schématiquement la situation. Imaginez-vous en train d'explorer, les yeux bandés, un paysage inconnu dont vous cherchez le fond de la vallée la plus profonde. Une technique de recherche locale est comparable à l'analyse des seuls points à proximité et à un déplacement dans la direction de la pente descendante la plus escarpée. Si vous commencez à chercher au point *A*, vous serez alors entraîné à descendre le versant qui conduit au point *B*. Quand le point *B* est atteint, il n'y a plus d'amélioration possible,

FIGURE 3.10

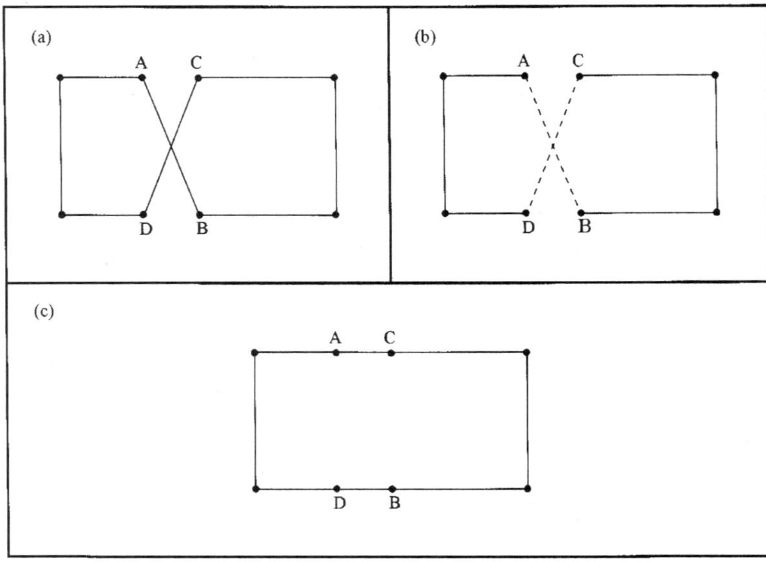

FIGURE 3.10. Un échange à deux options. (a) Le tour initial. (b) Les côtés AB et CD sont enlevés, laissant deux chemins disjoints. (c) Les deux chemins sont reliés de nouveau selon l'autre façon possible, ce qui donne un itinéraire plus court.

car, à ce moment-là, vous ne pouvez plus que monter. La recherche s'arrêtera, même si des points plus bas, tels que *C*, existent ailleurs. Le point *B* est appelé *minimum local* parce qu'il est le point le plus bas dans une certaine région. Le minimum vrai, ou global, est *C*—le point le plus bas dans l'espace entier. Le minimum global est aussi un minimum local, mais la réciproque est généralement fausse. Des « paysages » compliqués, résultant de problèmes pratiques, peuvent comporter des milliers de minimums locaux trompeurs.

Comme moyen de contourner les pièges locaux pour le PCV, Shen Lin[7] suggéra, dès 1965, l'idée simple de répéter la recherche locale plusieurs fois, en commençant chaque fois par un tour choisi au hasard, jusqu'à ce que l'on soit sûr que tous les tours optimaux locaux aient été trouvés. Quand l'idée des recherches locales répétées suggérée par Lin est combinée aux opérateurs génétiques de sélection, de croisement et de mutation, on obtient un procédé de calcul qui produit certains des algorithmes les plus performants pour le PCV.

LES ALGORITHMES GÉNÉTIQUES ET LE PCV

La première tentative sérieuse pour employer les stratégies génétiques dans la résolution du problème du commis voyageur remonte au milieu des années 80, lorsque R. M. Brady, au Cavendish Laboratory de Cambridge (G.-B.), appliqua ce qu'il nomma des « stratégies d'optimisation glanées au sein de l'évolution biologique » à un modeste exemple de 64 villes du PCV[8]. Un des procédés de Brady consista à améliorer sans cesse un tour initial par ce qui équivaut à des essais de mutations : une section de la route est choisie au hasard et l'ordre du passage dans les villes est inversé, mais seulement si ceci raccourcit le tour. Brady obtint un meilleur résultat en divisant le temps de calcul entre deux tentatives de solution indépendantes et en choisissant la meilleure des deux à la fin de l'opération. Afin d'évaluer l'effet de la compétition, il modifia plus tard ce procédé, de telle sorte que, à intervalles réguliers, la meilleure des deux solutions remplace la plus faible. « Étrangement, écrit-il, cette stratégie compétitive était beaucoup moins bonne que l'autre. Selon notre interprétation, dans les étapes initiales

FIGURE 3.11

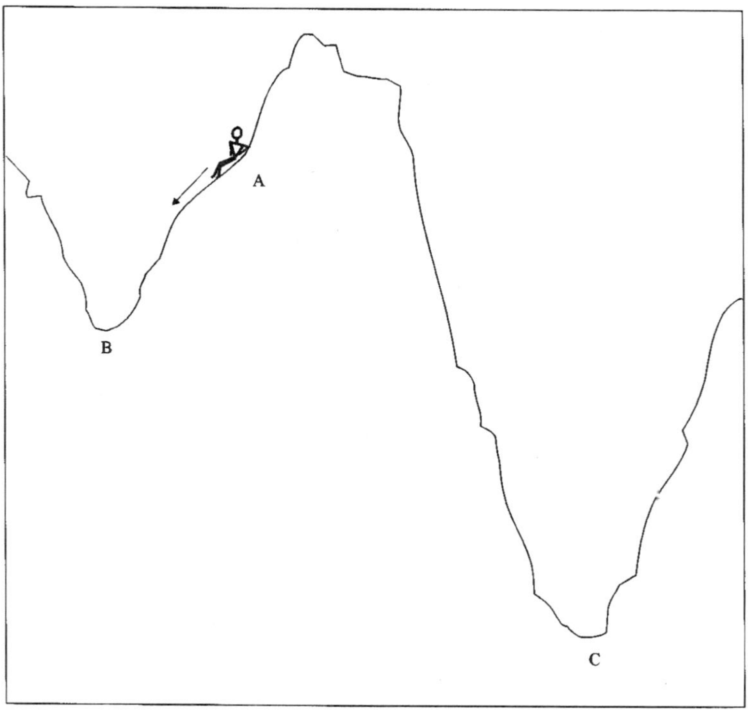

de l'optimisation, la réussite n'était pas en corrélation étroite avec une réussite ultérieure, parce la diversité était réduite. » Il conclut en faisant remarquer que « si une stratégie doit favoriser la plus efficace des solutions, elle devra être conçue pour ne pas réduire drastiquement la diversité ». La leçon à retenir est qu'un plan évolutionniste qui aide les individus faibles à survivre peut présenter un avantage à long terme.

LE JEU DE L'ACCOUPLEMENT

Si les circuits sont codés d'une façon directe, c'est-à-dire comme des listes de villes, un croisement ordinaire ne produira pas, généralement, un nouveau tour — plus long ou plus court ; en fait, il ne produira aucun tour. Par exemple, l'échange des deux derniers « gènes » de 123487**56** et 768132**45** donne, respectivement, 123487**45** et 768132**56**. Dans les deux nouvelles listes, il manque une ville et une autre apparaît deux fois, de sorte qu'aucun des deux résultats ne représente un véritable tour.

De nombreux moyens pour éviter la création de faux tours résultant de l'accouplement ont été proposés. La solution de Brady était d'abord de chercher, dans les deux chaînes des parents, des sous-chaînes passant par les mêmes villes selon un ordre différent et variant en longueur de 8 à 32 (si aucune sous-chaîne de cette sorte n'était trouvée, l'accouplement n'avait tout simplement pas lieu). Par exemple, 1**23465**789 et 9**25436**871 contiennent toutes les deux des sous-chaînes comprenant les villes 2, 3, 4, 5 et 6. Ensuite, les longueurs des deux parcours sont calculées et la sous-chaîne avec la plus courte remplace l'autre. En se reportant à l'exemple ci-dessus, supposons que la distance 23 + 34 + 46 + 65 se révèle plus courte que 25 + 54 + 43 + 36 ; alors les deux enfants seront 123465789 (inchangé) et 923465871. L'accouplement n'a pas été tenté souvent — une fois par 2000 mutations aléatoires — en raison du temps de calcul requis par la recherche des points de croisement possibles.

Une autre stratégie d'accouplement plus élaborée a été inventée par trois informaticiens. Elle faisait partie de ce qu'on a appelé « un progrès substantiel du rendement des algorithmes génétiques »[9]. En 1988, H. Mühlenbein, M. Georges-Schleuter et O. Krämer[10] introduisirent un nouvel algorithme génétique pour le PCV, algorithme dont ils se servirent pour trouver une solution approchée à un problème de 442 villes — la meilleure solution jusqu'à maintenant de ce problème particulier. Leur algorithme fut conçu pour être exécuté sur un ordinateur d'architecture en parallèle, chaque chromosome (c'est-à-dire chaque tour) dans la population étant affecté à un processeur différent.

UNE IDÉE QUI REVIENT À LA MODE

> Une idée n'est jamais examinée dans toutes ses ramifications et une opinion n'a jamais toutes les chances qu'elle mérite.
>
> (PAUL FEYERABEND)[11].

Avant de décrire le procédé de Mühlenbein en détail, revenons aux idées qui ont inspiré les premiers algorithmes génétiques. Un des principes de base était que seule l'information contenue dans les gènes des parents peut être transmise à leur progéniture. Les caractéristiques qu'un individu, ou phénotype, acquiert durant son existence ne font donc pas partie des traits transmissibles. Un exemple classique de caractéristique acquise sont les muscles qu'un forgeron a développés en exerçant son métier. Selon la génétique moderne, l'information nécessaire pour développer de tels muscles ne peut être transmise à sa progéniture. Si les enfants veulent poursuivre le métier de leur père, ils devront développer leurs muscles à partir de zéro. Bien sûr, on peut discuter sur le fait de savoir si cet état de choses est bon ou mauvais. De grosses et fortes mains seraient un atout pour un futur forgeron, mais si l'enfant décidait de devenir pianiste ? Ainsi, une trop grande dépendance à l'égard d'une connaissance toute faite pourrait affaiblir chez un individu sa capacité à apprendre par lui-même (et à s'adapter).

L'idée que les traits acquis peuvent être héréditaires fut défendue par Jean-Baptiste de Monet, chevalier de Lamarck, qui vécut de 1744 à 1829. Lamarck se fit connaître par ses travaux sur les plantes et sur les invertébrés, mais surtout par sa conception de l'évolution, appelée lamarckisme. Sa théorie est fondée sur l'idée parfaitement plausible que les plantes et les animaux évoluent en s'ajustant aux changements survenus dans leur environnement, et que de tels changements peuvent être transmis à la génération suivante. Les idées de Lamarck se heurtèrent à la théorie de l'évolution de Darwin, théorie très répandue selon laquelle les variations dans les traits se produisent de façon aléatoire dans les chromosomes et non pas en réaction directe aux changements survenus dans le milieu.

Beaucoup de conceptions de Lamarck, telles que la création spontanée de la vie, se révélèrent absolument fausses. Mais il continua d'avoir des disciples jusqu'en plein XXe siècle. Un de ceux-ci fut l'agronome russe Trofim Lysenko, qui convainquit Staline de dénoncer la génétique comme contraire aux principes du matérialisme dialectique et d'ériger le lamarckisme en doctrine officielle. Les meilleurs généticiens soviétiques furent congédiés, emprisonnés ou exilés. Ce qui entraîna un recul grave dans la recherche génétique en URSS. Cela eut pour conséquence de discréditer davantage le nom de Lamarck, celui-ci étant associé à ce fiasco scientifique.

Toutefois, le lamarckisme peut avoir un rôle à jouer dans l'adaptation des systèmes artificiels. Si, pour résoudre le PCV, des algorithmes génétiques doivent être compétitifs, il semble alors inévitable d'inclure une sorte d'ingrédient lamarckien. Dans un tel projet, la sélection et le croisement n'ont lieu qu'après que chaque individu dans la population « ait fait son possible », c'est-à-dire ait calculé un minimum local en se servant d'une technique d'optimisation (celle des deux options, par exemple). Ce qui revient à laisser les traits favorables acquis dans l'« expérience » (optimisation locale) se transmettre à la génération suivante.

UNE SOLUTION GÉNÉTIQUE POUR LE PCV

> L'évolution n'est pas destin, elle est occasion.
> Sa trajectoire n'est pas prévisible, mais on peut la maîtriser.
> MÜHLENBEIN, M. GEORGES-SCHLEUTER et O. KRÄMER[12].

H. Mühlenbein et ses collaborateurs ont décrit leur algorithme comme un moyen de sauter des minimums locaux à des minimums locaux encore meilleurs. En voici les principales étapes :

1. LA POPULATION INITIALE. 16 tours sont sélectionnés au hasard et attribués à 16 différents processeurs.
2. L'AMÉLIORATION DE L'ADAPTABILITÉ. Chaque processeur calcule une solution optimale locale *t'* commençant par son tour actuel *t* (*t'* est l'itinéraire de longueur minimale qui peut être obtenu par l'application répétée des échanges à deux options). Les nouvelles et meilleures solutions *t'* remplacent les tours originels *t*.
3. LA SÉLECTION DE PARTENAIRES D'ACCOUPLEMENT. Les processeurs sont interconnectés comme dans une grille, de telle sorte que chacun d'eux ait quatre voisins. Au moment de la reproduction, chaque processeur accouple son tour (le donneur) avec celui d'un autre processeur (le receveur). Ce dernier est choisi parmi cinq tours possibles : les quatre voisins du receveur en plus du plus court tour dans toute la population. Ces cinq

donneurs potentiels ont les probabilités de 30, 25, 20, 15 et 10 % d'être sélectionnés : plus le tour du donneur est court, plus grande est sa probabilité.

4. LE CROISEMENT. Une sous-chaîne du donneur est choisie au hasard (la longueur de la sous-chaîne devant être située entre 10 et la moitié du nombre de villes). L'unique enfant de l'accouplement commence par la sous-chaîne du donneur suivie du reste des villes selon leur ordre de parution dans le receveur, tel qu'illustré ci-dessous :

0 1 2 3 4 5 6 7 8 9 (donneur) 7 1 0 9 3 6 5 8 2 4 (receveur)
3 4 5 6 7 1 0 9 8 2 (enfant)

5. LE CRITÈRE D'ARRÊT. Les 16 tours (enfants) résultant des 16 accouplements forment une nouvelle génération. Si un certain nombre (prédéterminé) de générations sont passées sans avoir amélioré la meilleure solution *s* (c'est-à-dire le tour le plus court), qui est la meilleure de toutes, l'algorithme s'arrête et retourne *s* comme étant « la » solution. Dans le cas contraire, les étapes 2 à 5 sont répétées.

Il n'est peut-être pas surprenant que la qualité de la solution et la vitesse de l'évolution augmentent avec la taille de la population, qui varie de 2 à 24 dans les différentes exécutions de l'algorithme. Des expériences par d'autres chercheurs suggèrent que pour un temps de calcul donné, la qualité de la solution peut être également améliorée par le recours à une technique d'optimisation locale plus puissante. Ce facteur semble être plus important que la taille de la population, au point qu'un récent algorithme génétique produisit des résultats de haute qualité avec une population d'un seul individu[13]. Dans ce cas, l'accouplement n'est plus possible et la variation doit se faire seulement par des mutations aléatoires. Ironiquement, on a imputé l'échec des premières tentatives pour combiner informatique et évolution à une dépendance exclusive vis-à-vis de la mutation . « Au tournant des années 60, [ces tentatives] échouèrent parce qu'elles se fiaient trop aux textes de biologie de l'époque et comptaient sur les mutations plutôt que sur l'accouplement pour générer de nouvelles combinaisons de gènes », écrivit John Holland dans un article paru en 1992[14].

Dans la conclusion de leur rapport, les membres de l'équipe de Mühlenbein réfléchissent au rôle des systèmes naturels comme source d'inspiration pour les modèles artificiels. « En réglant les algorithmes d'évolution, écrivent-ils, nous avons trouvé que souvent les meilleurs choix de paramètres sont ceux qui ressemblent le plus à ceux que l'on trouve dans la nature. » Par exemple, ils observent que leurs algorithmes génétiques fonctionnent mieux avec deux parents qu'avec trois ou plus. « Des algorithmes évolutionnistes peuvent facilement être créés, concluent-ils, mais leur comportement est complexe. L'évolution n'est pas destin, elle est occasion ! Sa trajectoire n'est pas prévisible, mais on peut la maîtriser. » Les deux dernières phrases se font l'écho d'une philosophie qui imprègne la méthode du calcul souple : en l'absence d'une théorie exacte, il se peut que nous ne puissions pas prédire l'avenir, mais nous pouvons encore le maîtriser.

Notes

1. J. H. Holland, *Adapation in Natural and Artificial Systems*, Cambridge (ma), mit Press, 1992.

2. *Ibidem.*

3. A. Rapoport et A. M. Chammah, *Prisoner's Dilemma*, University of Michigan Press, 1965, p. vii.

4. R. Axelrod, « The Evolution of Strategies in the Iterated Prisoner's Dilemma », dans L. Davis (éd.), *Genetic Algorithms and Simulated Annealing*, Londres, Pitman, 1987, pp. 32-41.

5. S. Jay Gould, *The Mismeasure of Man*, New York, Norton, 1991.

6. S. Lin et B. Kernighan, « An Effective Heuristic Algorithm for the Traveling Salesman Problem », dans *Operation Research*, 21, 498, (1973).

7. S. Lin, « Computer Solutions of the Traveling Salesman Problem », dans *Bell Systems Technical Journal*, 44, 2245 (1965).

8. R. M. Brady, « Optimization Strategies Gleaned from Biological Evolution », dans *Nature*, vol. 317 (oct. 1985), pp. 804-806.

9. D. S. Johnson et L. A. Mcgeoch, « The tsp : A Case Study », dans E. H. L. Aarts et J. K. Lenstra (éds.), *Local Search in Combinatorial Optimization,* New York, John Wiley & Sons, 1997.

10. H. Mühlenbein, M. Georges-Schleuter et O. Krämer, « Evolution Algorithms in Combinatorial Optimization », dans *Parallel Computing* , 7 (1988), pp. 65-68.

11. P. Feyerabend, dans *Against Method*, Londres, nlb, 1975, p. 49.

12. H. Mühlenbein, M. Georges-Schleuter et O. Krämer, « Evolution Algorithms in Combinatorial Optimization », dans *Parallel Computing* , 7 (1988), pp. 65-68.

13. O. martin, S. W. Otto et E. W. felten, « Large-Step Markov Chains for the tsp Incorporating Local Search Heuristics », dans *Operations Research Letters*, 11 (1992), pp. 219-224.

14. J. H. Holland, « Genetic Algorithms », dans *Scientific American*, 1992, pp. 66-72.

POSTFACE

La pertinence d'une nouvelle théorie est souvent difficile à évaluer, et il est toujours risqué d'en prédire les conséquences à long terme. Cela est vrai dans tous les domaines, les mathématiques et l'informatique ne faisant pas exception. En présentant les principes du calcul souple, je me suis donc concentré sur des concepts généralement reconnus et sur des techniques éprouvées, me tenant résolument éloigné du dernier engouement à la mode.

Quelquefois, je me suis senti submergé par les innombrables articles, livres et exposés présentés dans des conférences partout dans le monde sur le sujet. Mais cette abondance même a servi à me rassurer, car la raison qui explique un si grand nombre d'approches différentes, de techniques spéciales, de solutions partielles, de nouvelles idées, est sans doute qu'une théorie définitive (si tant est qu'elle existe) n'a pas encore été trouvée.

Pour comparer le calcul souple et le calcul classique, le tableau suivant (incomplet) peut être utile :

Le calcul classique	**Le calcul souple**
• a besoin d'un programme préalable	• peut apprendre son propre programme (réseau de neurones)
• utilise une logique bivalente	• utilise une logique polyvalente (logique floue)

Le calcul classique	Le calcul souple
• déterminisme	• incorpore des éléments aléatoires (algorithmes génétiques)
• traite les données exactes	• peut traiter les données ambiguës (logique floue et réseau de neurones)
• calcul séquentiel	• calcul en parallèle (a.g., r. de n.)
• des réponses précises	• des réponses approximatives (l.f.)

Une des caractéristiques propre à la logique floue, aux réseaux de neurones et aux algorithmes génétiques est la dépendance de ces techniques vis-à-vis des calculs massifs et rapides. Malgré l'importance des théories mathématiques sous-jacentes, la théorie à elle seule est de peu d'utilité sans le calcul à haute vitesse qui sert à sa mise en pratique. Le rôle des merveilles technologiques autres que les ordinateurs (les détecteurs, les spectroscopes, etc.) dans la mise en œuvre des théories ne saurait être ignoré.

Les trois approches non classiques du calcul dont j'ai discuté dans ce livre ne sont pas les seules à être utilisées et développées. On peut considérer les algorithmes génétiques comme un cas spécial d'un domaine plus large et encore mal défini appelé *l'informatique évolutionniste.* Les deux autres possibilités sont l'informatique biochimique, qui se sert des protéines comme de portes logiques et pour le stockage de l'information, et l'exploitation du chaos — une théorie bien à la mode il y a dix ans — qui est artificiellement générée.

J'espère ne pas avoir laissé la fausse impression que les mathématiques traditionnelles ne sont pas à la hauteur ! Un nouveau domaine où les mathématiques (précises, exactes) sont actuellement employées avec succès en informatique est la construction de programmes, où il y a un intérêt croissant pour les méthodes formelles, basées sur les mathématiques, dans la conception des algorithmes et dans la création et la vérification des logiciels.

Actuellement (c'est-à-dire en 1997), il y a une tendance vers ce qu'on appelle les systèmes hybrides, qui combinent les avantages de deux ou plusieurs techniques. Il s'agit là d'une bonne nouvelle. J'ai rencontré trop souvent des chercheurs convaincus qu'une seule méthode (la leur, évidemment) détenait la clé des mystères de l'univers. Les scientifiques seraient bien avisés encore une fois d'imiter la nature et de profiter des possibilités fournies par la diversité des approches et des méthodes. Ce faisant, ils permettraient de résoudre un plus grand nombre de problèmes, et cela dans l'intérêt du plus grand nombre de gens.

appendice 1

LES INFÉRENCES FLOUES

LES INFÉRENCES FLOUES COMME APPLICATIONS

Une règle d'inférence floue typique a la forme

Si x est A et y est B, alors z est C

où A, B et C sont des sous-ensembles flous des univers X, Y et Z, respectivement, c'est-à-dire sont des fonctions

$$\begin{array}{lcl} A : X & \rightarrow & [0, 1] \\ B : Y & \rightarrow & [0, 1] \\ C : Z & \rightarrow & [0, 1], \end{array}$$

des univers à l'ensemble [0, 1] des nombres réels entre 0 et 1.

Une règle d'inférence floue est interprétée mathématiquement comme définissant une application de sous-ensembles flous à sous-ensembles flous. Le sous-ensemble flou C' de Z qui correspond à la paire A', B' de sous-ensembles flous de X et Y, respectivement, est, par définition,

$$C'(z) = \bigvee_{x \in X, y \in Y} A'(x) \wedge B'(y) \wedge A(x) \wedge B(y) \wedge C(z) \quad (1)$$

où $\vee$ signifie maximum (ou *supremum*, si X ou Y est un ensemble infini) et $\wedge$ signifie minimum.

DIGRESSION : DÉDUCTIONS FLOUES ET MODUS PONENS

Dans la logique classique, le *modus ponens* est la règle de déduction par laquelle la vérité de la proposition Q résulte de la vérité de la proposition conditionnelle « si P, alors Q » et de l'affirmation P. Cela s'écrit généralement comme suit :

$$\begin{array}{c}\text{si } P\text{, alors } Q\\ \\ \underline{\quad P \quad}\\ Q\end{array}$$

Une règle d'inférence floue a la forme d'une proposition conditionnelle ; la tentation est alors grande de voir C' résulter de la conclusion d'une déduction « floue » en écrivant

$$\begin{array}{c}\text{si } x \text{ est } A \text{ et } y \text{ est } B\text{, alors } z \text{ est } C\\ \\ \underline{x \text{ est } A' \text{ et } y \text{ est } B'}\\ z \text{ est } C'.\end{array}$$

Dans le cas particulier $A' = A$ et $B' = B$, la déduction floue ci-dessus serait formellement identique au *modus ponens* à condition que $C' = C$. Or, si $A = A'$ et $B = B'$ dans (1), alors

$$C'(z) = \bigvee_{x \in X, y \in Y} A(x) \wedge B(y) \wedge C(z)$$

et donc C' n'est pas nécessairement égal à C. Ce fait a été interprété par certains comme signifiant que le *modus ponens* s'effondre dans la logique floue. (En fait, si pour un certain $x \in X$ et $y \in Y$ nous avons $A(x) = 1$ et $B(y) = 1$, alors $C' = C$. Le lecteur est invité à vérifier cela.)

LA SORTIE FLOUE

Dans le cas général, il y a n règles d'inférence floue :

si x est A_1 et y est B_1, alors z est C_1
si x est A_2 et y est B_2, alors z est C_2
...
si x est A_n et y est B_n, alors z est C_n.

L'application (*mapping*) définie par cet ensemble de règles associe à la paire d'entrée (A', B') de sous-ensembles flous le sous-ensemble flou de Z défini par :

$$C'(z) = \bigvee_{\substack{x \in X, y \in Y \\ 1 \leq i \leq n}} A'(x) \wedge B'(y) \wedge A_i(x) \wedge B_i(y) \wedge C_i(z) \qquad (2)$$

Dans les applications du contrôle flou, un ensemble de règles d'inférence floue peut être interprété comme une fonction $z=f(x,y)$ qui ne peut être décrite parfaitement par une équation mathématique. Supposons que les valeurs d'entrée (numériques) soient $x=x_0$ et $y=y_0$. Ces nombres sont employés pour définir les sous-ensembles (ordinaires) $A'=\{x_0\}$ et $B'=\{y_0\}$ en tant que fonctions de la manière habituelle : $A'(x_0)=1$, et $A'(x)=0$ pour $x \neq x_0$; $B'(y_0)=1$, et $B'(y)=0$ pour $y \neq y_0$.

Le côté droit de (2) peut maintenant se simplifier par la constatation que $A'(x_0) \wedge B'(y_0)=1 \wedge 1=1$; et $A'(x) \wedge B'(y)=0$ pour tout $(x, y) \neq (x_0, y_0)$, de sorte que (2) se réduit à

$$C'(z) = \bigvee_{i=1}^{n} A_i(x_0) \wedge B_i(y_0) \wedge C_i(z) \qquad (3)$$

Par exemple, si $n=2$, (3) devient

$$C'(z) = (A_1(x_0) \wedge B_1(y_0) \wedge C_1(z)) \vee (A_2(x_0)) \wedge B_2(y_0) \wedge C_2(z))$$

ou

$$C'(z) = \max\{\min\{A_1(x_0), B_1(y_0), C_1(z)\}, \min\{A_2(x_0), B_2(y_0), C_2(z)\}\}$$

ANNULATION DU FLOU

La procédure pour obtenir une valeur numérique unique $z=z_0$ à partir de la sortie floue C' est appelée *annulation du flou*. La méthode du centre de gravité est une des plus courantes. Si — comme c'est souvent le cas — l'univers Z est fini, disons $Z=\{z_1, z_2, ..., z_m\}$, alors le centre de gravité z_0 peut être calculé avec la formule

$$z_0 = (z_1 C'(z_1) + z_2 C'(z_2) + ... + z_m C'(z_m)) / (C'(z_1) + ... + C'(z_m)). \qquad (4)$$

Ensemble, les équations (3) et (4) définissent la sortie $z=z_0$ à partir des valeurs d'entrée $x=x_0$ et $y=y_0$. Elles constituent une des nombreuses définitions raisonnables de la fonction mathématique $z = f(x, y)$ décrite par un ensemble donné de règles d'inférence floue. Beaucoup de variantes soit de la sortie floue soit de la méthode d'annulation du flou ont servi dans des applications particulières. Par exemple, l'annulation du flou peut aussi se réaliser par le choix du nombre z_0 avec le plus grand degré d'appartenance à C' (ou par leur moyenne arithmétique, s'il y en a plus d'un).

appendice 2

LES FONCTIONS DES NOMBRES NATURELS NE PEUVENT ÊTRE ÉNUMÉRÉES

Nous montrerons qu'il y a plus de fonctions de nombres naturels qu'on ne peut en écrire sur une liste infinie.

Soit N l'ensemble des nombres naturels positifs : 1, 2, 3,... Les fonctions de N dans $\{0, 1\}$ peuvent être représentées par des suites infinies de 0 et de 1 de façon naturelle. Par exemple, la fonction

$f(n) = 1$, si n est impair ; $f(n) = 0$, si n est pair,

devient la suite

1 0 1 0 1 0 1 0...

faisant alterner les 1 et les 0. En général, la fonction h est représentée par la suite dont le $n$ième élément est $h(n)$, c'est-à-dire

$h(1)\ h(2)\ h(3)\ \ldots\ h(n)\ \ldots$

Nous démontrons maintenant que chaque liste infinie de fonctions de N dans $\{0, 1\}$ est incomplète. Supposons que L est une telle liste de fonctions. Le premier élément de L est une certaine fonction f_1, le second élément est une fonction f_2, et ainsi de suite, c'est-à-dire que pour chaque nombre naturel positif n il y a un $n$ième élément sur la liste que nous notons

f_n. Il serait commode d'imaginer les fonctions écrites les unes sous les autres : d'abord f_1 (représentée par sa suite binaire), puis f_2, et ainsi de suite. Nous avons ainsi une matrice infinie de 0 et de 1, telle que

(f_1) 0 0 0 1 0 0 1 1 0 0 ...
(f_2) 0 1 1 0 1 0 0 0 1 1 0 ...
(f_3) 1 1 1 0 1 1 0 0 0 1 0 0 ...
...
(f_n) $f_n(1)$ $f_n(2)$ ... $f_n(n)$ ...

La diagonale de cette matrice est la suite binaire

$$f_1(1)\ f_2(2)\ f_3(3)\ \ldots\ f_n(n)\ \ldots \tag{1}$$

Soit g la fonction définie, pour chaque n dans N, par

$g(n) = 0$, si $f_n(n) = 1$
$g(n) = 1$, si $f_n(n) = 0$

Autrement dit, la suite correspondant à g est obtenue de la suite diagonale (1) par le changement des 1 en 0 et des 0 en 1. Par exemple, en supposant que les trois premières fonctions sur la liste sont telles qu'elles figurent ci-dessus, la chaîne diagonale commence 0 1 1 ..., alors g commence 1 0 0 ...

Cette fonction g n'est pas sur la liste L. Car, étant donné n'importe quel f_m sur L, par la définition de g, nous avons $g(m) \neq f_m(m)$. Puisque g et f_m prennent des valeurs différentes pour un nombre naturel, à savoir m, ils ne peuvent être égaux. La fonction g est, par conséquent, manquante, et la liste donnée est incomplète. À noter qu'il ne donnerait rien d'essayer de retaper la liste originelle en y intégrant g. L'argument ci-dessus s'applique à *n'importe quelle* liste ; dès lors, la nouvelle liste sera également incomplète — une fonction autre que g sera manquante.

Les fonctions de N à $\{0, 1\}$ forment un sous-ensemble propre de toutes les fonctions de N à N. Comme les fonctions dans le plus petit ensemble ne peuvent pas toutes apparaître sur une liste unique, à fortiori aucune liste complète de celles du plus grand ensemble ne saurait non plus exister.

appendice 3

LE PROBLÈME DE L'ARRÊT EST INSOLUBLE

Nous montrerons comment obtenir une contradiction logique
à partir de l'hypothèse que le problème de l'arrêt
peut être résolu par une machine de Turing.

Il est en principe possible d'encoder automatiquement le programme de n'importe quelle machine de Turing comme un nombre naturel. Les détails importent peu; il suffit de savoir que cela peut se faire (à vrai dire, par de nombreux moyens). En sélectionnant un encodage précis, nous pouvons assigner à toute machine de Turing un nombre naturel — son code — à partir duquel le programme de la machine peut être retrouvé par un décodage (automatique) approprié. S'il se trouve qu'un nombre naturel donné m soit le code d'une machine de Turing, nous désignons cette machine par $T(m)$. En d'autres mots, $T(m)$ est la machine de Turing (s'il y en a une) dont le code est m.

Supposons maintenant qu'une certaine machine de Turing, disons H, résolve le problème de l'arrêt dans le sens suivant : H accepte comme entrée une paire (m, n) de nombres naturels et retourne comme sortie 1, si m est le code d'une machine de Turing; et si cette machine — $T(m)$ — finit tôt ou tard de calculer et s'arrête après avoir été mise en marche avec le nombre n sur son ruban d'entrée. Dans toute autre circonstance, la sortie de H est 0. Encore une fois, H écrit un 1 à la fin de son calcul, si $T(m)$ finit par s'arrêter sur l'entrée *n*, et écrit un 0 dans tout autre cas, c'est-à-dire si *m* n'est pas le code d'une machine de Turing ou s'il est bien le code d'une machine de Turing, mais cette machine ne s'arrêtera jamais de calculer sur l'entrée *n*.

Il est très facile d'écrire le programme d'une autre machine de Turing—appelons-la *E*—qui s'arrête immédiatement si son entrée est le nombre 0, et qui entre dans une boucle infinie si elle commence par lire le nombre 1. En connectant *H* et *E* « en série » (c'est-à-dire de sorte que la sortie de *H* devienne l'entrée de *E*), nous obtenons une troisième machine de Turing, *C*, qui se comporte de la façon suivante : pour chaque nombre naturel *n*,

si *T*(*n*) - c'est-à-dire la machine de Turing avec le code *n*- ne s'arrête jamais sur l'entrée *n*, alors *C* s'arrête sur l'entrée *n* (1)

si *T*(*n*) finit par s'arrêter sur l'entrée *n*, alors - sur l'entrée *n*- *C* ne s'arrête jamais (2)

Encore une fois : sur l'entrée *n*, *C* se sert d'abord de *H* pour déterminer si *T*(*n*) s'arrêtera ou non, au cas où elle est mise en marche sur cette même entrée *n*. Ensuite, *C* agit en fonction de cette information pour faire exactement le contraire de ce que *T*(*n*) ferait : si cette dernière finit par s'arrêter, *C* s'arrange pour tourner à jamais ; si, au contraire, *C* « apprend » que *T*(*n*) ne s'arrêtera jamais, alors *C* met fin à son calcul.

Il faut bien comprendre que si *H* existe, alors *C* existe aussi. Ci-après, nous montrons que l'existence (jusqu'ici hypothétique) de *C* mène à une contradiction logique. Donc, il n'y a pas de *C*, et ainsi *H* non plus ne peut exister.

Car, supposons que *C* soit construit selon ce qui a été indiqué. Le programme de *C*, une fois qu'il aura été encodé, devient un *certain* nombre naturel, *c*, par exemple—c'est-à-dire $C = T(c)$. Maintenant, mettons en marche *C* sur l'entrée *c* et considérons ce qui pourrait se passer. Le comportement de *C* étant spécifié par les clauses (1) et (2) ci-dessus, nous pouvons les exprimer avec *n* (l'entrée générique) remplacé par la présente entrée *c*. Ces clauses se lisent maintenant comme suit :

si *T*(*c*) ne s'arrête jamais sur l'entrée *c*, alors *C* s'arrête sur l'entrée *c*, et

si *T*(*c*) finit par s'arrêter sur l'entrée *c*, alors - sur l'entrée *c*- *C* ne s'arrête jamais.

Or *C* et *T*(c) sont la même machine. Par conséquent, si *C* existe, elle devra en même temps finir par s'arrêter et tourner perpétuellement sur une de ses entrées—ce qui est une impossibilité logique.

appendice 4

APPRENDRE AVEC L'ALGORITHME DE RÉTROPROPAGATION

L'algorithme de rétropropagation est conçu pour entraîner les réseaux de propagation composés de deux couches ou plus de neurones, et connectés de telle façon que les sorties d'une couche deviennent les entrées de la couche suivante. De plus, les fonctions d'activation des neurones doivent être continues (pour permettre l'emploi du calcul différentiel). Le nom de l'algorithme provient du fait que les ajustements des poids dictés par les règles d'apprentissage se propagent « vers l'arrière », de la couche de sortie vers la couche d'entrée.

Pour expliquer les principes de l'algorithme, nous emploierons un réseau modeste qui consiste seulement en deux couches (figure A.1). Quand les trois neurones dans la première couche (ou couche cachée) reçoivent les entrées y_1 et y_2, ils répondent par les sorties intermédiaires, ou cachées, z_1, z_2 et z_3. Celles-ci sont alors transmises aux deux neurones dans la deuxième couche (de sortie), laquelle transforme les z_j en sorties finales o_1 et o_2 selon les formules habituelles

$$o_i = f(s_i),\ i = 1, 2 \qquad (1)$$

où f est la fonction d'activation du neurone (censée être la même pour tous les neurones) ; s_i est la somme pondérée :

$$s_i = v_{i1}\, z_1 + v_{i2}\, z_2 + v_{i3}\, z_3 \qquad (2)$$

et v_{ik} est le poids, ou force, de la connexion reliant la $k$ième entrée au $i^{\text{ième}}$ neurone. Les z_j sont elles-mêmes calculées de la même façon, par l'application de f à la somme pondérée des entrées y_1 et y_2 :

$$z_j = f(u_{j1}y_1 + u_{j2}y_2),\ j = 1, 2, 3. \qquad (3)$$

Après qu'une entrée donnée $y = [y_1, y_2]$ ait été traitée, le réseau répond avec un vecteur de sortie $o = [o_1, o_2]$. L'erreur E de la réponse est alors calculée en comparant o avec la réponse désirée, qui est un autre vecteur $d = [d_1, d_2]$. Plus précisément, E est défini par

$$E = (d_1 - o_1)^2 + (d_2 - o_2)^2 \qquad (4)$$

c'est-à-dire, la somme des carrés des erreurs locales d_k-o_k à chaque neurone de sortie (les carrés ne peuvant être négatifs, l'addition des carrés $(d_k$-$o_k)^2$ empêche les erreurs locales négatives de compenser les erreurs positives).

Il résulte des équations (1) à (4) que, pour une entrée donnée y, l'erreur E est une fonction des poids seulement—douze dans ce cas. En d'autres mots, E assigne à chaque vecteur de poids w de dimension 12 le nombre $E(w)$ spécifié en (4). Dans le cas le plus simple, quand E est une fonction de deux variables seulement, w_1 et w_2, l'erreur peut être visualisée comme une surface dans un espace à 3 dimensions suspendu au-dessus d'un plan des poids à 2 dimensions. À partir de n'importe quel point sur cette surface, il y a une direction qui correspond à la montée la plus escarpée ou, ce qui revient au même, au taux de croissance le plus rapide de l'erreur. Mathématiquement, cela correspond à la direction définie par ce que l'on appelle *le gradient d'erreur*, un vecteur ∇E à 2 dimensions dont les composantes peuvent être calculés par l'emploi du calcul différentiel (ce sont les dérivées partielles $\partial E / \partial w_1$ et $\partial E / \partial w_2$). L'erreur décroît le plus rapidement dans la direction opposée à celle de ∇E, qui est celle du vecteur $-\nabla E$. C'est la direction de la descente la plus abrupte. Quand la dimension de l'espace pondéral est plus grande que deux, une interprétation géométrique aussi précise est impossible. Mais l'opposé du vecteur du gradient $-\nabla E$ « pointe » encore dans la direction de la réduction d'erreur la plus rapide et ainsi, par analogie, il est habituel de toujours parler de « descente la plus abrupte ».

Si nous notons par w un vecteur de poids initial (peut-être choisi au hasard), alors $E(w)$ est l'erreur pour ces poids particuliers. Or, puisque les neurones continus peuvent répondre avec tout nombre entre 0 et 1, il est très peu vraisemblable que les sorties du réseau o_1, o_2 (pour quelques *y* et *w* donnés) vont correspondre exactement aux sorties désirées d_1 et d_2; autrement dit, $E(w)$ sera presque certainement différent de zéro. L'algorithme doit alors calculer un nouveau vecteur de poids w', de telle sorte que l'erreur soit réduite autant que possible. Mais *E* est généralement une fonction compliquée de plusieurs variables, avec beaucoup de caractéristiques inconnues (et peut-être inconnaissables). Ceci fait de la recherche pour les poids optimaux une tâche redoutable, le chemin pour arriver à une erreur minimum étant très probablement long et jonché de pseudo-solutions trompeuses (les minima locaux redoutés qui ont déjà été discutés dans le chapitre 6). Étant donné la maigre information disponible à propos de *E*, le meilleur choix de l'algorithme dans les circonstances serait d'ajuster le vecteur de poids dans la direction de la descente la plus abrupte... et espérer que tout se passe pour le mieux.

FIGURE A. 1

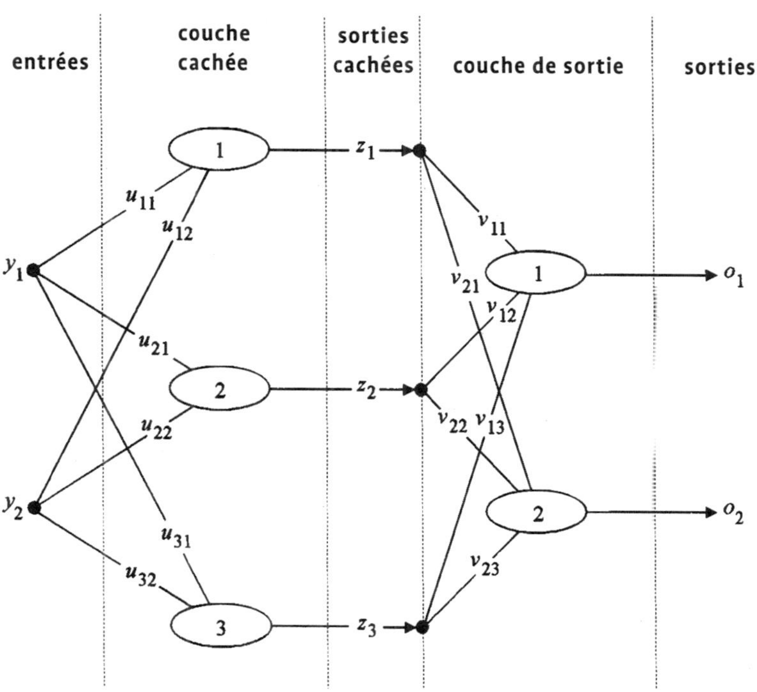

Le choix du nouveau vecteur de poids $w\Delta$ est donc dicté par l'impératif de réduire l'erreur aussi rapidement que possible. Ainsi, un incrément de poids Δw qui déplace le poids w le long de la direction de la descente la plus abrupte doit être calculé. À partir de la couche de sortie, l'algorithme calcule couche par couche les composantes de Δw. Une sorte de « signal d'erreur » se déplaçant vers l'arrière, de la sortie vers l'entrée, entre dans le calcul des incréments pondéraux — d'où le nom, pour l'algorithme, de rétropropagation de l'erreur. Après la mise à jour des poids (c'est-à-dire le remplacement de l'ancien vecteur de poids w par le nouveau w', où $w' = w + \Delta w$), l'entrée suivante est fournie au réseau, et le processus d'ajustement des poids recommence à nouveau. Quand le cycle d'entraînement est terminé — c'est-à-dire après que toutes les entrées dans l'ensemble d'apprentissage auront été testées — les erreurs qui résultent des entrées individuelles sont additionnées. Si cette erreur globale est inférieure à un seuil prédéterminé, l'entraînement est terminé ; sinon, un autre cycle d'entraînement commence.

En un mot, la rétropropagation peut se décrire comme une technique efficace pour calculer l'erreur du gradient à partir de la réponse du réseau, ne travaillant qu'avec une seule donnée d'entrée à la fois. Malgré tous les exposés au sujet de l'entraînement, de l'apprentissage, des synapses, de la propagation du signal, etc., c'est vraiment le calcul différentiel et l'algèbre vectorielle travaillant dans l'ombre qui assurent la réalisation de la tâche.

L'AUTEUR

Après avoir obtenu un doctorat en mathématiques à l'Université de Montréal et effectué un séjour à l'École polytechnique fédérale de Suisse à Zurich à titre de boursier post-doctoral, Arturo Sangalli a enseigné et fait de la recherche dans plusieurs universités canadiennes, ainsi qu'en Europe et au Moyen-Orient. Il travaille actuellement au département de mathématiques du Collège régional Champlain, à Lennoxville (Québec).

Ses champs d'intérêts comprennent la logique mathématique, les applications du calcul souple à la résolution de conflits et à l'évaluation, et la cosmologie. Il a également orienté ses activités vers la vulgarisation des mathématiques ; ce qui l'a amené, depuis plusieurs années, à collaborer à l'hebdomadaire britannique *New Scientist*. En 1996, il a obtenu le prix de l'auteur de l'année décerné par l'ACFAS (Association canadienne française pour l'avancement des sciences). Deux ans plus tard, la version anglaise d'« Éloge du flou » recevait le prix du meilleur livre, dans la catégorie sciences de l'informatique, attribué par l'*Association of American Publishers*.

TABLE DES MATIÈRES

DEUXIÈME PARTIE

LES LIMITES

CHAPITRE 3

CHAPITRE 4

AGMV Marquis
MEMBRE DE SCABRINI MEDIA
Québec, Canada
2001